## ワインパーティーをしよう。
### LET'S HAVE A WINE PARTY
行正り香 rika yukimasa

# CONTENTS

本書では
- 小さじ＝5cc、大さじ＝15cc、1カップ＝200ccを使用しています。
- E.V.オリーブオイルは、エクストラ・バージン・オリーブオイルの略です。
- 電子レンジは500Wを使った場合の加熱時間です。
  600Wの場合は加熱時間を0.8倍してください。
- 分量（ingredients）は、4人分を基本に表記しています。

4　introduction
6　ワインパーティーのすすめ
　　＆この本の読み進め方ガイド
8　パーティーを楽しくする16のルール
10　ワインと料理の合わせ方
140　品種別おすすめワイン
143　ワインをおいしく飲むために

## CHARDONNAY
### 14　シャルドネ 黄金の白

appetizer {前菜}
17　トマトの冷たいスープとチーズパン

pasta {パスタ}
18　ほたて缶とアンディーブのパスタ

salad {サラダ}
19　せん切りにんじんとクレソンのサラダ

main dish {メイン}
20　鶏のビネガー煮　しいたけ添え

dessert {デザート}
22　温かいチョコレートタルト

## SAUVIGNON BLANC
### 24　ソーヴィニョン・ブラン さわやかさの白

appetizer {前菜}
26　牛たたきのチーズ風味

pasta {パスタ}
28　うにトマトクリームソース

salad {サラダ}
30　グレープフルーツとグリーンのサラダ

main dish {メイン}
32　切り身魚のマンゴーソース

dessert {デザート}
34　大人のチーズケーキ

## RIESLING
### 36　リースリング 優美なる白

appetizer {前菜}
39　卵のクリームがけ

pasta {パスタ}
40　スモークサーモン&レモンパスタ

salad {サラダ}
41　アスパラガスとチーズのサラダ

main dish {メイン}
44　ピンポン香味豚

dessert {デザート}
46　ショートニングパイ

## ITALIAN WHITES
### 48　イタリアの白 千差万別の白

appetizer {前菜}
50　生ハム、レバーパテ、オレンジの盛り合わせ

pasta {パスタ}
52　缶詰のトマトソース・ルッコラのせ

salad {サラダ}
54　旬の野菜サラダ　アンチョビドレッシング

main dish {メイン}
56　切り身魚とえびの香草焼き

dessert {デザート}
58　りんごと松の実の簡単タルト
　　グラッパ風味のアングレーズソース

## SPARKLING
### 60　スパークリング 魔法の泡

appetizer {前菜}
62　3種のディップ&チップス

pasta {パスタ}
64　渡りがにのトマトクリームソース

salad {サラダ}
65　マッシュルームとグリーン、チーズのサラダ

main dish {メイン}
66　スパークリングワイン風味のフリット

dessert {デザート}
68　焼きたてマドレーヌ

### CABERNET SAUVIGNON
## 72 カベルネ・ソーヴィニョン
## 威厳の赤

- appetizer {前菜}
- 75 白身魚の昆布じめカルパッチョ
- pasta {パスタ}
- 76 バジルクリームソースのペンネ
- salad {サラダ}
- 77 かぶとラディッシュ、ルッコラのサラダ
- main dish {メイン}
- 78 ラムの魚焼き器焼き
  なすとピーマンのラタトゥイユ風添え
- dessert {デザート}
- 81 パンナコッタ

### MERLOT
## 82 メルロー
## 優しさの赤

- appetizer {前菜}
- 85 じゃが芋のピュレ コンソメゼリーのせ
- pasta {パスタ}
- 86 ピリ辛ポルチーニ茸のパスタ
- salad {サラダ}
- 87 玉ねぎと皮むきトマトのサラダ
- main dish {メイン}
- 88 MOMの牛煮込み
- dessert {デザート}
- 92 チーズ3種盛り合わせとチョコレートトリュフ

### PINOT NOIR
## 94 ピノ・ノワール
## 香りの赤

- appetizer {前菜}
- 97 刺身用ほたて貝柱のトマトソース
- pasta {パスタ}
- 98 パルミジャーノチーズと生クリームのフェトチーネ
- salad {サラダ}
- 100 モロッコいんげん、サニーレタス、
  イエロートマトのサラダ
- main dish {メイン}
- 101 合鴨ロースのはちみつ風味焼き きのこ添え
- dessert {デザート}
- 104 フルーツタルト

### SYRAH
## 106 シラー／シラーズ
## エキゾチックな赤

- appetizer {前菜}
- 108 ロースト赤ピーマンのムース
- pasta {パスタ}
- 110 みょうがとルッコラのアンチョビパスタ
- salad {サラダ}
- 111 春菊とミックスグリーン、オレンジのサラダ
- main dish {メイン}
- 112 スペアリブと大根のスパイス煮
- dessert {デザート}
- 114 しょうがプリン

### ITALIAN REDS
## 116 イタリアの赤
## エネルギッシュな赤

- appetizer {前菜}
- 119 まぐろと生ハムのカルパッチョ
- pasta {パスタ}
- 120 葉物野菜のベーコンクリームパスタ
- salad {サラダ}
- 121 イタリアンパセリとサニーレタス、洋なしのサラダ
- main dish {メイン}
- 123 牛すね肉の赤ワイン煮
- dessert {デザート}
- 126 チョコレートムース

### TEMPRANILLO
## 128 テンプラリーニョ
## バランスの赤

- appetizer {前菜}
- 130 とうもろこしのムース
- pasta {パスタ}
- 132 ハーフドライきのこのパスタ
- salad {サラダ}
- 134 ミックスグリーン、みょうが、しらすのサラダ
- main dish {メイン}
- 136 一夜漬けチキンのロースト
- dessert {デザート}
- 139 大人のブラウニー

# INTRODUCTION
## Wine And Myself

### ワインとの出会い
──ワインカントリーでの3年間

　18歳のとき、カリフォルニア州に留学することになりました。滞在先は北カリフォルニアのソノマ。ワインカントリーとして有名な所です。
　山の中腹にあるホストファミリーの家から車で5分も走ればぶどう畑が始まり、20分も走ればナパの有名ワイナリーが点在しています。朝は霧が一面に立ち込め、秋は雨がしとしと降りました。ホストブラザーたちはドライブ好きだったので、いろんなワイナリーに行っては写真を撮ったり、誰もいない畑に入って紅葉したぶどうの葉っぱを集めたりしました。ロバート・モンダビ、ベリンジャー、ジョーダン、ヘスコレクションなど各ワイナリーの建築物や庭園の美しさは若い心に印象的に映ったものです。
　その後この地域で短大に通うようになり、初マイカーを手に入れてからは、カセットに入れたU2やThe Policeを聴きながら、ドライクリークやアレキサンダーバレーをドライブしました。くねくね曲がる道、霧にこもる木々、ふっと感じる潮風、夕景にシルエットで浮かぶ畑で働く人々。異国の地でどこか孤独な私にとって、その風景はどこまでも牧歌的で優しいものに映り、ワインを飲むことより先に、ぶどう畑を取り囲む雰囲気が好きになりました。

### ──バークレーでの2年間

　ワインカントリーでの3年目が過ぎる頃、サンフランシスコ近郊のバー↗

クレーという町の大学に編入することになりました。インターナショナルハウスという、世界各国の男女が集まる寮に住みましたが、特に仲良くなったヨーロッパの院生たちとは、会費を集めて寮のキッチンで料理をしながらワインを楽しむようになりました。イタリア人、ハンガリー人、スペイン人、フランス人、みんなホストは国の代表としてワインを選び、それに合う料理を作ってくれます。その行為はまるで知的なゲームのようであり、未知なる奥深さは魅惑的でした。ビールをガブガブ飲むようなパーティーと、ワインパーティーとでは、同じメンバーでも会話の質が変わりました。何かもっと深いものがあった。それがこのお酒の不思議だと、グラスに注がれたワインを見ながら思ったものです。こうして私にとってワインは、国境を越えて人と人をつなぐ、親しみやすい存在となっていったのです。

## もっとワインを身近なものに
### ——11品種からはじめよう

　日本に帰ってきたら、美しい畑から生まれる親しみやすいワインが、知識が必要なブランド品になっているように感じました。ラベルの読み方も当たり年を知ることも大事かもしれないけれど、まず初心者であれば、大まかに主要なぶどう品種から覚えれば、もっとわかりやすくなるのにと思いました。

　単にワインを好きで飲んできた私ですが、20年近く飲んでいるとさすがに品種の違いや特徴がわかってきます。

　人生を豊かにしてくれるワインが皆様にとってもっと身近なものになればと、以下の点に留意しながらこの本を作ってみることにしました。

・ワインを主要な11品種に絞って分類し、
それぞれの特徴と相性のよい料理を紹介する。
イタリアワインは品種が多いため、まとめてイタリア品種とし、
スパークリングも品種のひとつとして扱う。

・日常的に買い求めやすいように、紹介するワインは
1,500円前後とする。

・手軽にワインパーティーができるよう
メニュー構成とレシピを考え、おもてなしの悩みを
解決できるようなヒントを入れる。

・忙しい人、料理に不慣れな男性にもできるように
レシピのプロセスを簡単にし、
材料も求めやすいものを使用する。

## INTRODUCTION
Wine And Myself

### ワインパーティーのすすめ

　幸せにはいろいろあります。恋人ができる。仕事に成功する。結婚して子供を産む。好きな家に住む。でもこれら全ては自分の力だけでは達成されない幸せです。一方、おいしいものを食べること、友人とワインを飲むことは、自分の努力でかなう幸せです。時に全てのことがうまくいかず、ズドンと落ち込むこともあります。でも、そんな時「ユキマサ〜、俺さあ、高いものはご馳走できないけど、ちょっとワインでも飲みにいかない？」そう誘ってくれる人がいて、カマンベールフライをつまみながら飲む一本というのは、どんなシャトーのヴィンテージものよりもおいしい。ワインとはそういう飲み物だと、私は思います。

　外に飲みにいくのもいいけど、ワインのことを知ったり、いろんな品種を飲んでみるには家でのワインパーティーが最適です。パーティーを開くのに、大金もいらなければ大きな部屋もいりません。少しだけの心の余裕と思いやりさえあれば、楽しいパーティーが開けます。最初は緊張して疲れるかもしれません。でも友人から「ありがとう！　おいしかったよ」と感謝の言葉を聞いたとき、いちばん元気をもらうのは、じつはホストである自分です。

　ワインと料理は一歩踏み込んでしまえば、確実に人生を豊かにしてくれる関係です。どうか皆様にも、この魅惑的な楽しい関係との出合いがありますように。

GUIDE

● この本の読み進め方ガイド

この本では、ワイン11品種を11の章に分類して
説明しています。以下、各章に共通のパターンです。

●最初のページでは各品種のワインをエッセイで紹介する。
●次のページでは紹介ワインをメイン料理に合わせる形で
作ったメニューと、パーティー開始までの段取りを提案する。
●メイン以外の料理にも、それぞれ合いそうなワインを紹介する。

レシピより先に、ぶどう品種の全体像をつかみたい人は、
最初にP10の「ワインと料理の合わせ方」に目を通していただき、
次にエッセイ部分だけ拾って読んでいただければと思います。
全体像を先につかみ、詳細を後から読むと頭に入りやすいからです。
ワインは鼻で香りをかぎ、舌で味を体験し、忘れる前に
特徴を文字で確認すれば数倍わかりやすく、楽しくなります。
白品種、赤品種を同時に買って飲み比べ、
違いを実際に体験してみるのもひとつの手です。
ワインに興味があるお友達を誘って
「品種の違い・体験パーティー」を開いてみてはいかがでしょう。

# 16 RULES TO PLAN A GOOD PARTY
## パーティーを楽しくする16のルール

「さあ本は買った!(ありがとう!!) ワインパーティーをしよう!」と決めたら、以下のようなルールを参考に、楽しいパーティーを企画してみてください。

### 01　まずはメンバーと人数を決める。
パーティーを楽しいものにする最大の要因はメンバーです。自宅に呼ぶのだから、自分が気を使わずに楽しく過ごせる人を招待すればいいのです。また、座って食事をするなら6人くらいがマックス。この人数なら後片付けもそんなに苦になりません。それ以上ならビュッフェ方式で使うお皿もグラスも最低限にとどめましょう。また子供がいる時は子供専用に食卓代わりにピクニックシートを用意すると便利。子供は子供で楽しみます。

### 02　日時、会費制かどうかなど、詳細を連絡する。
誰を招くか決まったら次は招待状です。例えばメールなら「久しぶりにみなさんといっしょにお食事ができればと思います。○月○日、または○月○日のご都合をお知らせください」と連絡します。返事のあった人には家の地図を送ります。またお世話になった方をご招待するのに会費というのは失礼ですが、親しい友達同士なら会費制もおすすめです。この場合、必ず招待状に「会費3,000円パーティーを開催したいのですが、いかがでしょうか？ お土産なしでお願いします」と伝えます。開始時間に関しては、平日・女同士の集まりなら12時半。平日の仕事後なら全部準備をしておいて、集まることのできる19時前後、土曜日なら18時、日曜日なら思いきって13時からのランチとか17時からのディナーなどもいいと思います。なお、招かれて早く着くのは困ります。15分オーバーまでをめどに到着するのが最適です。

### 03　予算はどれくらいにするかを考える。
例えばコース料理で4人、それなりに楽しみたい場合、私は1万円前後を予算とします。会費なら1人3,000円ずつ集めて、配分をワイン1：食材2とします。4,000円あれば巻末で紹介しているようなワインを3本買えるし、8,000円あれば材料も十分買えます。会費制でない場合は、「お1人1本、ワイン持参でお願いします」と招待状に書き、負担は材料費だけにとどめてお土産をお断りすれば、パーティーがぐっと身近なものになります。

### 04　メニュー・パターンをもっておく。
（5コースディナーのすすめ）
メニューを考えるとき、和食や中華においても「何品お出しする」という「枠」を決めておくと楽です。例えば「5コースメニュー」と決めてしまえば、5品だけ考えればいいし、5種類の料理を2日間にわたって準備するのであれば、初心者にも何とかなるからです。負担を減らしたい時やランチパーティーなら、メインなしのパスタだけにして、人数が増えたら品数ではなく分量を増やすようにすれば楽です。

### 05　メニューを組み立てる。
私の場合、まずメイン料理を選びます。それから前後のコースは素材が同じものにならないように工夫し、そのうえでパーティーの最中に席を立つ時間を最小限にすすめるために、パスタソースは耐熱ボウルや大きめのグラタン皿で作るなど、2つのコンロは同時に使わないように考えながらメニューを選びます。さらにメインで高い素材を使ったら、前菜では安い素材を使うなど、お金がかからない工夫もします。またデザートはメインがあっさりしたものであれば焼き菓子を、重みのあるメインなら軽いものにします。

### 06　部屋を片付け、工夫をする。例え小さな空間でも。
茶道の世界で多くの茶室は3畳です。小さな空間で人を最大にもてなす工夫をしている。私の前の家もコンロ1つだけのワンルームでしたが、布をテーブルの代わりにしてみんな床に座ってもらっていた。それでもキャンドルをつけてお花を飾れば、それなりに心地よい空間になりました。人を呼ぶのに広さは重要ではありません。むしろ心地よい空間であることが大事。そのためには掃除は必須です。パーティー開催1週間前くらいから、いらないものは捨てて部屋を片付けましょう。また何を飾るより、間接照明が効果的です。天井灯を消してスタンドとキャンドルだけにすれば、レストラン空間に変身です。

### 07　お皿とグラス、調理道具は最低限だけそろえる。
おもてなしにたくさんのお皿や道具は必要ありません。最低限必要なのは直径23cmほどの白い取り分け皿と箸、大皿が2枚、そしてスパークリング、白・赤てに使える透明の基本的なワイングラスです。料理はパスタも含め大皿にのせたほうがインパクトはあります。またコースごとにお皿を替えなくても、友達ならペーパータオルなどでふいてもらえば、新しい料理をのせることができます。基本的に調理道具は直径26cmほどのテフロンのフライパン1つ、直径22cm深さ11cmほどのパスタをゆでる鍋が1つ、パスタのソースを作るための大きな耐熱ボウル、できればそのままお客様に出せる大きい耐熱グラタン皿、そして忙しい時に煮込み時間を短縮できる圧力鍋を用意してください。あとはペティナイフと小さなまな板があれば十分です。

## 08　食事中の音楽について計画を立てる。

パーティーにおいて音楽は重要です。会話の合間の沈黙が気にならなくなるからです。また耳に入る音が心地よければ、場の雰囲気も、ただの部屋から隠れ家レストランに変わります。できれば事前にどんな音楽をかけたいか、どれほどの音量でかけたいか候補をあげて準備しておきましょう。この本ではワインを飲みながら聴いて心地よい、私が好んでかけるジャズCD11枚をそれぞれのワインに合わせて選びました。各章ご参照を。

## 09　片付けも工夫する。

全部を一人きりでやっていたのでは疲れます。ご招待したのが目上の人なら失礼ですが、親しいお友達なら「じゃんけんで片付ける人を男女1人ずつ決める」などとすれば、少し負担が減ります。また酔っ払ってしまったら、片付けは翌日するようにしましょう。お皿やグラスを割ってがっくりくるより、元気が出る音楽をかけながら、翌日一気に済ませるほうが効率的だと思います。

## 10　ゲストの好みを尊重する。

招待状に「苦手なものがある方はお知らせください」と明記しておきましょう。これはけっこう大切です。またダイエット中の人もいれば、コレステロールを気にしている人もいる。量を出し過ぎない、「どうぞどうぞ」とすすめない、「多かったら残しておいてね」というのが思いやりです。食後にデザートを食べ、チーズやナッツを出し、それでも足りなければ冷凍ご飯でおにぎりを作る。飲みすぎず、腹九分目で心地よくお帰りいただくというのもホストのマナーです。

## 11　ワインは上手に買う。

デパート、ワイン専門店、スーパー、小売店、ネット、コンビニ、そして最近は量販店など店もいろいろ選択肢があります。楽しいのはデパートや専門店で試飲しながら買うこと。時間のない人、重いものを持ちたくない人に便利なのはネットです。ネットで買う場合は、検索サイトで「ワインショップ　ベスト」とか「ワイン販売　カリフォルニアワイン」などと打ち込むと、いろんなネットショップが出てきます。それぞれのショップで品種ごとに商品を検索するなどして、好みのワインを探しましょう。

## 12　ワインを買う時は人の意見に耳を傾ける。ボトルの形に注目する。

おいしいワインを買う方法は、おいしいワインを知っている友人か、お店の店員さんを探すことです。周りにいない場合はP140〜142の「品種別おすすめワイン」をご覧ください。この値段でこの味はおいしい！と私が個人的に感じたワインを紹介しています。取り上げたワインは、価格が1,000〜1,500円前後、ネットで検索してある程度情報が出てくる、スーパーやコンビニでも見かける、などを条件に選びました。また、ボトルの形の特徴を覚えておくとワインを選びやすくなります。肩のあるボルドー型（**A**）はカベルネ・ソーヴィニヨン／メルロー／イタリアワイン／ソーヴィニヨン・ブランなどが。肩のないブルゴーニュ型（**B**）はピノ・ノワール／シラー／シャルドネなどが。長細いドイツ型（**C**）にはリースリングなどがあります。

## 13　初心者の人は、やや甘みを感じるワインから選ぶ。

日本人は甘み、旨みを感じる食事やお酒が好きな民族です。一方、酸味や香りに関しては、マイルドなものを好みます。食習慣から考えて、初心者が最初からおいしいと感じられるワインは「甘み、旨みを感じ、酸味の少なめのもの」ではないかと私は思います。もし全くの初心者で何を買っていいかもわからないという場合、白ならばリースリング（ドイツ産ならハルプトロッケンと分類されるやや甘みのあるもの）、赤ならばメルローまたはシラーから入るのをおすすめします。渋みや酸味を感じるカベルネ・ソーヴィニヨン、ピノ・ノワール、イタリア北部の赤はだんだん舌が慣れてからトライしてみてください。

## 14　和食のパーティーならさっぱりしたワインを選ぶ。

個人的な好みですが、和食で白ならばリースリングやシャブリ系のシャルドネ、ソーヴィニヨン・ブランを、赤ならば、ピノ・ノワールやイタリアのヴァルポリチェッラ、肉料理ならテンプラニーリョやメルローが好きです。また和食の場合、私は赤ワインも冷やして飲みます。冷やして飲んではいけないという決まりはありません。自分がおいしければそれでいいのです。自分の好みでトライしてみてください。

## 15　ワインと料理を合わせてみる。

品種の違いがわかってくると、「この料理にこのワインを合わせるとおいしさが引き立つ」と感じる瞬間があります。そんな時、P10の「ワインと料理の合わせ方」を眺めてみてください。どんな素材や料理にどんなワインが合うか、わかりやすいようにまとめてみました。飲みたいワインから料理を選んだり、食べたい料理からワインを選ぶための参考にしていただければと思います。

## 16　他の品種にもトライしてみる。

今回紹介した11品種というのは、1,000〜1,500円前後の簡単に手に入れやすい品種。他にも例えば、赤ならどんな肉料理にも合わせやすいジンファンデル、大地の強さを感じるマルベック、白ならば香り高いゲヴェルツトラミナーやヴィオニエ、さっぱりしたミュスカデなどがあります。慣れてきたら少しずついろんな品種をお試しください。「品種別おすすめワイン」をP140〜142で紹介しています。

# MATCHING FOOD AND WINE
## ワインと料理の合わせ方

| 品種の名前 | [黄金の白]<br>シャルドネ | [さわやかさの白]<br>ソーヴィニョン・ブラン | [優美なる白]<br>リースリング | [千差万別の白]<br>イタリア白 | [魔法の泡]<br>スパークリング |
|---|---|---|---|---|---|
| 一言でどんなワイン？ | 果実味ある豊かな香り<br>こくのある辛口 | ほどよい酸味<br>さっぱり、きれいのいい辛口 | さわやかな酸味<br>わずかな甘みから<br>フルーティーな甘みまで | 地域によって<br>特徴の異なる白を生産 | 華やかな雰囲気と味<br>白、ロゼ、微発泡など<br>種類もいろいろ |
| 味の特徴 | フランス・シャブリなどのステンレス樽発酵ならキリッとした酸味ある辛口<br>オーク樽発酵のタイプは甘み、果実味、バターっぽいこくあり | ライト感覚で飲めるさわやかな味<br>和食などとも合わせやすい | ドイツ産は醸造スタイルによって味は異なるが食事に合わせやすいのは辛口のトロッケン、中辛でほのかな甘みのあるハルプトロッケン<br>他に新世界もおいしい | 北部ならフランスやドイツ風のワインを作り中北部、中部は酸味と甘みのバランスがよいもの<br>南部は果実味があるワインを作る | 辛口ブリュットなら<br>さわやか、<br>セミ・セッコならほどよい甘み、<br>甘口のセッコなどはデザートワインとしておすすめ |
| 香りの特徴 | りんご、バナナ等<br>南国フルーツ、はちみつ、バニラ | 芝などの青草、ハーブ<br>グレープフルーツ | 白い花の香り<br>フルーツの香り | 地域によって、<br>品種によって様々 | 種類によって様々 |
| 色の特徴 | 淡いものから黄金色まで | 青みがかった淡い黄色 | 淡い黄緑色 | 淡いものから黄金色まで | 淡い黄色〜ピンクまで |
| 合う料理[魚] | シャブリ系など辛口はかき、たい、ひらめに合うオーク系はサーモン、甲殻類などこくあり素材も | あっさりした魚介類<br>かき、たい、ひらめ、いかすずきなど、トマト、レモンなど酸味と合う | 辛口ならあっさりした魚介類、中辛口ならサーモン、甲殻類、アジア料理全般 | シャルドネ、ピノ・グリージョなどこくあるタイプはシャルドネ参照<br>他はトマト、にんにく、玉ねぎなどと合わせて | 白の辛口、中辛は刺身のカルパッチョ<br>魚介と野菜を組み合わせた前菜全般 |
| 合う料理[肉] | オーク系などこくがあるタイプは豚、鶏、鴨のグリルやクリームを使った料理 | 鶏肉、豚肉などを塩、こしょう、にんにく、レモン風味でグリルした料理 | やや甘めのものなら豚のロースト、中華料理香辛料を使った料理にも合う | シャルドネ、ピノ・グリージョならシャルドネ参照<br>その他はソーヴィニョン参照 | ロゼの辛口などは牛肉、ハムなど肉を使ったものも合う |
| 他に合うもの | シャブリ系は和食に合う | 和食、ハーブ料理 | 和食、すしやお好み焼き | パスタ、ピザ、和食 | 甘口はデザートに |
| この本の料理例 | 鶏のビネガー煮<br>しいたけ添え (P20) | 切り身魚の<br>マンゴーソース (P32) | ピンポン香味豚 (P44) | 切り身魚とえびの<br>香草焼き (P56) | スパークリングワイン風味の<br>フリット (P66) |
| この本のワイン例 | カッシェロ・デル・ディアブロ | シレーニ | メーリンガー・ツェラーベルク | トレッビアーノ・ダブルッツオ | モンサラ／カヴァ・セミ・セッコ |
| 産地 | チリ | ニュージーランド | ドイツ | アブルッツオ州 | スペイン |
| 代表生産地 | [フランス]<br>ブルゴーニュ地方の<br>●シャブリ地区<br>●コート・ド・ボーヌ地区<br>（ムルソー／<br>コルトン・シャルルマーニュ／<br>モンラッシェ村）<br>●マコネ地区<br>（プイィ・フュイッセ村）<br>----<br>イタリア<br>（アルトアディジェ等北部）<br>カリフォルニア、チリ、<br>オーストラリア、<br>ニュージーランド等新世界※ | [フランス] ボルドー地方の<br>●グラーブ地区<br>[フランス] ロワール地方の<br>●サンセール地区<br>●プイィ・フュメ地区<br>----<br>イタリア（フリウリ等北部）<br>チリ、カリフォルニア、<br>オーストラリア、<br>ニュージーランド等新世界 | ドイツ<br>[フランス] アルザス地方<br>ニュージーランド、<br>オーストラリア、<br>チリ等新世界 | トレンティーノ・<br>アルトアディジェ州<br>（シャルドネ／<br>ソーヴィニョン・ブラン／<br>ゲヴェルツトラミネール）<br>フリウリ州<br>（ピノ・グリージョ）<br>ヴェネト州（ソアーヴェ）<br>マルケ州（ヴェルデッキオ）<br>ウンブリア州（オリヴィエート）<br>ラツィオ州（フラスカーティ）<br>アブルッツオ州（トレッビアーノ） | フランス（シャンパン／<br>ヴァン・ムスー／クレマン）<br>スペイン（カヴァ）<br>イタリア（スプマンテ）<br>●モスカート種のアスティは甘口<br>●微発泡モスカート・ダスティも甘口<br>●辛口を求めるならプロセッコ種やシャルドネ種から<br>ドイツ（ゼクト）<br>オーストラリア、<br>カリフォルニア等新世界 |

※新世界＝フランス、イタリア、ドイツなどワインの歴史があるヨーロッパ諸国に対し、アメリカ（主にカリフォルニア）、オーストラリア、ニュージーランド、チリ、南アフリカなど、近代にワイン造りを始めた国々を指す。

各品種の特徴、合う料理、品種の代表生産地を表にしました。料理とワインの合わせ方に決まりはありません。
自分がおいしいと思えばそれでよいのです。いろんな料理を作りながら、自分なりの法則を見つけてください。
代表生産地は覚える必要はありませんが、例えばレストランに行ったとき、「さっぱりしたソーヴィニヨン・ブラン系のフランスワインを飲みたいな。プイィ・フュメかサンセールにすればいいんだ」と、ヒントになるような地名を入れてあります。

| [威厳の赤]<br>カベルネ・<br>ソーヴィニヨン | [優しさの赤]<br>メルロー | [香りの赤]<br>ピノ・ノワール | [エキゾチックな赤]<br>シラー／シラーズ | [エネルギッシュな赤]<br>イタリア赤 | [バランスの赤]<br>テンプラニーリョ |
|---|---|---|---|---|---|
| 渋み、深み、<br>タンニンあり<br>重め | 親しみやすい<br>タンニンあり<br>やや重い | ほどよい酸味と華やかさ<br>タンニン柔らかめ<br>やや重〜軽めもあり | 果実味、スパイシー、<br>タンニンあり<br>やや重〜重め | 地域によって特徴異なる<br>値段も南はお手頃からあり | バランス良さ<br>タンニン柔らか<br>やや重い |
| 舌に残るような<br>タンニンの渋みと甘みとの<br>バランスが深みのある<br>味わいを作り出す | カベルネと似ているが<br>プラムのような甘みあり、<br>まろやかな味わい<br>タンニンもカベルネ<br>よりは少なめ | 時間の経過と共に果実味<br>軽いタンニンを感じる<br>飲みやすいものから<br>酸味を伴う<br>力強い味わいのものまで | 豊かな果実味、<br>スパイシーさを感じる<br>濃厚な味わい<br>ブレンドされる品種によって<br>味、香りは変化する | 北部は重みがあり<br>酸味を伴う味、中部は<br>さわやかな酸味と<br>タンニンのバランス、<br>南は豊かな果実味を<br>かもし出す傾向あり | 口当たりまろやか、<br>わずかな酸味と重みの<br>バランスがよい<br>価格のわりに<br>味がよいワインが多い |
| レーズン、ラズベリー<br>ピーマン、鉛筆など | カベルネに似ているが<br>柔らかな香り | いちご、ばら、土<br>きのこ、梅など | スパイスなどの香辛料と<br>ベリー類の香り | 地域によって、<br>品種によって様々 | ドライフルーツ<br>ほのかなスパイス |
| 濃い赤色<br>熟成物はえんじ色 | えんじ色<br>熟成物はれんが色 | 透明さを持った<br>鮮やかな紅色 | 黒みおびた深い赤紫 | 淡い赤から濃い赤紫まで | 赤褐色 |
| タンニンが多いので<br>魚は合わせにくい | タンニンを感じるので<br>魚は合わせにくい | 若干冷やしてサーモン<br>まぐろなどのグリル | タンニンが多いものは<br>魚と合わせにくい | 軽いヴァルポリチェッラ、<br>バルドリーノなどは<br>若干冷やすと合う | たらのトマト煮など<br>ワインを若干冷やすと合う |
| 脂身の多い肉全般<br>牛サーロイン、ラムチョップ、<br>鴨等のグリル、レバー料理、<br>赤ワイン煮込み、<br>霜ふりすき焼き | 脂身少のさっぱり肉全般<br>牛もも肉のステーキ<br>ローストビーフ、ラムの<br>肩ロース、もも肉のすき焼き、<br>ローストチキン | ローストビーフ、鴨、合鴨<br>ローストチキン<br>ラムならあっさりした<br>肩ロースのグリルなど<br>香料は使いすぎないもの | 肉は何でも合う<br>豆や野菜との煮込み<br>ソーセージ、スペアリブ<br>スパイシーな煮込みや<br>ステーキまで | 重さを感じるピエモンテ産<br>などはしっかり味付けした<br>肉料理、中間のトスカーナ<br>や南部のワインはどんな<br>肉料理にも合いやすい | ボルドー・ブルゴーニュ<br>(カベルネとピノ・ノワール)<br>の中間のような感じなので<br>肉料理全般に<br>合わせやすい |
| きのこ、ナッツ類 | きのこ、ナッツ類 | 和食（しょうゆ味）、きのこ類 | 冷やしてバーベキューに | クリームチーズ系パスタ | パエリア、豆と肉煮込み |
| ラムの魚焼き器焼き<br>なすとピーマンの<br>ラタトゥイユ風添え (P78) | MOMの牛煮込み (P88) | 合鴨ロースのはちみつ風味<br>焼き きのこ添え (P101) | スペアリブと大根の<br>スパイス煮 (P112) | 牛すね肉の<br>赤ワイン煮 (P122) | 一夜漬けチキンの<br>ロースト (P136) |
| フェッツァー | サンライズ | モンテス | E.ギガル／コート・デュ・ローヌ | ネロ・ダヴォラ&サンジョベーゼ | ウガルテ・リオハ |
| カリフォルニア | チリ | チリ | フランス | シチリア州 | スペイン |
| [フランス] ボルドー地方の<br>●メドック地区<br>（サン・ジュリアン／<br>ポイヤック／サン・テステフ／<br>マルゴー村）<br>●グラーヴ地区<br><br>イタリア（トスカーナ地方）<br>カリフォルニア、<br>オーストラリア、チリ、<br>アルゼンチン、<br>南アフリカ等新世界 | [フランス] ボルドー地方の<br>●サン・テミリオン地区<br>●ポムロール地区<br><br>イタリア（トスカーナ地方）<br>カリフォルニア、チリ<br>オーストラリア<br>ニュージーランド等新世界 | [フランス]<br>ブルゴーニュ地方の<br>●コート・ド・ニュイ地区<br>（シャンベルタン／<br>シャンボール・ミュジニィ／<br>ヴォーヌ・ロマネ／<br>モレ・サン・ドニ／<br>ニュイ・サン・ジョルジュ村）<br>―――――――<br>カリフォルニア、<br>チリ、オーストラリア<br>ニュージーランド等新世界 | [フランス]<br>コート・デュ・ローヌ地方の<br>●エルミタージュ地区<br>●コート・ロティ地区<br>●シャトーヌフ・デュ・<br>パプ地区<br>[フランス] プロヴァンス地方<br>[フランス] ラングドック・<br>ルーション地方<br>―――――――<br>オーストラリア、チリ<br>カリフォルニア等新世界 | ピエモンテ州<br>（ネッビオーロ・<br>バルベーラ・ドルチェット）<br>ヴェネト州<br>（ヴァルポリチェッラ／<br>バルドリーノ）<br>トスカーナ州<br>（サンジョベーゼ・ロッソ・<br>ブルネッロ・カベルネ・メルロー）<br>アブルッツオ州<br>（モンテプルチアーノ）<br>シチリア州（ネロ・ダヴォラ） | 主にスペイン<br>リオハ地方 |

シャルドネ
黄金の白
The Golden White

シャルドネは、世界のいたるところで栽培されている白ワイン用ぶどうの中では、最もポピュラーな品種です。一般的にはこくや香りに富み、例えば日本酒の大吟醸のようにじっくり楽しむことができます。この品種を言語でたとえれば、世界の公用語である英語のようなものでしょうか。様々な文化・風土に適応しながらも生まれや育ちが違えば全く違う発音、言い回しで使われ、大きな変化をとげる品種ともいえます。カリフォルニアでワインの醸造家として活躍する友人が「ワイン作りでは一本の枝にどれほどの実をつけさせ、どのタイミングで収穫するかというのも大事だけど、収穫したあとにどんな樽で発酵させるかというのも気をつかうポイントだ」と教えてくれました。シャルドネは、その発酵を何年も使い込んだオーク（かしの一種）の樽で行うか、新しい木の香りがする樽で行うか、はたまたステンレスのタンクで行うかで全く違う個性を発揮するのだそうです。その実験も一年に一度しかできないから「俺の一生なんて短い。失敗しても、来年の収穫まで待たなきゃいけないんだからなあ」ともらしていたのが印象的です。たしかに丹精込めて育てたシャルドネの未来について、様々な要因を想像しながら育てる親は大変です。子供であるぶどうを新しいオーク樽に入れたら、バターや木、はちみつの香りあふれる、ほんのり甘い大人に育つし、フランス・シャブリ地区のようにステンレスタンクや、木の香りが弱まった古いオーク樽に入れると、ぶどう本来の味を保ち、シャキッとピリッと硬派な大人に育ちます。どんな言葉を、どんな雰囲気で話す大人になってほしいか、未来の姿を想像しながら手をかけ、同時に、かけすぎずに育てたぶどうを、造り手はワインに仕立てていくのです。

# CHARDONNAY

このように丹精込めて育てられたシャルドネに私が始めて感動したのは、カリフォルニアのジョーダンというワイナリーのボトルでした。大学の寮で友人が「せっかくだからみんなで飲もう」とコルクを開けてくれたとき、狭い部屋に香りがプーンと漂ってびっくりした。それからフランスのモンラッシェやイタリア北部アルトアディジェ産にも感動したけど、日常飲むようなチリやアルゼンチンのシャルドネにもすごいなあ、と感心するものがたくさんありました。手頃な値段でおいしいものを作るのは、相当な技術と工夫がいるだろうと思います。

今からおいしいシャルドネに出合うために、みなさんは成田空港のターミナルに立っていると想像してみてください。最初は少し高くても、やはりフランスのブルゴーニュに行きますか？　それともアメリカに飛んで、カリフォルニアで探しますか？　オーストラリアですか？　ニュージーランドですか？　南アフリカですか？　みなさんのチケットには「Let's travel世界一周」という文字が印刷されています。できれば世界各地のシャルドネに遭遇して、それぞれに合う料理を考えてみてください。フランス・シャブリ地区のようなシャキッとタイプには生がきやさっぱりお魚を、そして本日のメインで紹介するような、こくあり香りありの新世界タイプには、
（P10参照）
鶏や豚、鴨などの肉やクリームソースを。さあ、みなさんの料理とワインの旅、今日から始まります。Bon Voyage——よい旅を。

# MENU

**appetizer** {前菜} & sparkling
### トマトの冷たいスープとチーズパン
with サンティ・シャルドネ／スプマンテ／
イタリア・ヴェネト州

**pasta** {パスタ} & white
### ほたて缶とアンディーブのパスタ
with コノスル／ゲヴェルツトラミナー／チリ

**salad** {サラダ}
### せん切りにんじんとクレソンのサラダ

**main dish** {メイン} & white
### 鶏のビネガー煮 しいたけ添え
with ♣カッシェロ・デル・ディアブロ／
シャルドネ／チリ

**dessert** {デザート} & red
### 温かいチョコレートタルト
with バニュルス・シャプティエ／
グルナッシュ／フランス

## 準備すること

[前日]
- デザート用の生地を作って冷蔵庫に入れておく（当日でもかまわない）。

[当日]
- 鶏の煮込みを作る(仕上げ以外は前日でもかまわない)。
- トマトの冷たいスープを作って冷蔵庫に入れて冷やしておく。
- サラダを作って冷やしておく。ドレッシングは最後にあえる。
- ほたて缶とアンディーブのパスタの準備をしておく。
- デザート用のチョコレートを溶かして、ボウルに入れておき、あとは生地に入れて焼くだけにしておく。
- 使う器を選んでテーブルセッティングをしておく。

## トマトの冷たいスープとチーズパン

*appetizer*【前菜】

**料**理をワンランク上の味にするには、おいしいエクストラ・ヴァージン・オリーブオイルを使うのがコツ。少々高くても驚くほどの力を発揮します。火を通すなら普通のオリーブオイルで十分。

### ingredients

- トマト(中)……4個(500gほど)
- 塩……小さじ3/4
- 砂糖……小さじ1
- E.V.オリーブオイル……大さじ1
- 仕上げのE.V.オリーブオイル……少々
- あればセルフィーユまたはパセリ……少々

[チーズパン]
- モッツァレーラチーズ……1/2個(4つに切る)
- マヨネーズ……小さじ2
- E.V.オリーブオイル……少々
- パン(食パン、フランスパン、ライ麦パンなどを薄切り)
- あればクミンパウダーまたは黒こしょう……少々

### recipe

1) ミキサーにへたを取ったトマト、塩、砂糖、E.V.オリーブオイルを入れて攪拌する。タッパーに入れて冷蔵庫で冷やしておく。

2) お客様がみえる前に器に移して冷蔵庫に入れておく。出す直前にさっとかき混ぜ、仕上げのE.V.オリーブオイルを回しかけて緑のセルフィーユやパセリを彩りにのせる。

3) チーズパンは好みのパンにマヨネーズ、モッツァレーラチーズをのせ、トースターでチーズが溶けるくらいに焼く。クミンパウダーまたは黒こしょうをのせる。E.V.オリーブオイルを回しかけてでき上がり。とろけるチーズなどで作ってもよい。

**WITH**

イタリア北部ヴェネト州(ヴェネチアのある州)のシャルドネで作られる辛口スプマンテ。品があるボトルでお手頃価格、なのにおいしい。パーティーにおすすめの1本。

サンティ・シャルドネ/スプマンテ/イタリア

*santi*

**WITH**

コノスル／ゲヴェルツトラミナー／チリ

cono sur

ゲヴェルツトラミナーはフランス・アルザスに代表される品種。花やスパイスの香り高い白ワインで、辛口系のものだと食事に合わせやすいです。コノスルはチリのワイナリーでピノ・ノワールなど、他の品種もリーズナブルでおいしいですよ。

## pasta {パスタ}

# ほたて缶とアンディーブのパスタ

アンディーブの苦み、ほたての甘み、クリームチーズの酸味。
いろんな複雑な味のからみあうパスタです。
大人のパスタと思いきや、子供も大好きです。

### ingredients

ほたて缶……1缶（約150gの缶）
アンディーブ……1個（葉を5mm幅の横にせん切り）
バター……20g
クリームチーズ……40g
オリーブオイル……大さじ2
おろしにんにく（好みで）……少々
塩……小さじ1/2
中華スープの素……小さじ1/4
パスタ（1.6mmまたは1.4mm）……240g
仕上げのパルメザンチーズ（できれば固まりがおいしい）……少々
黒こしょう……たっぷり
あればピンクペッパー……少々
あればパセリ……少々
パスタをゆでる水と塩（水12カップに対して塩大さじ2）

### recipe

1) お客様がみえる前に湯は沸騰させて塩を入れておく。

2) 耐熱器または耐熱ボウルに、ほたて、アンディーブ、バター、クリームチーズ、オリーブオイル、にんにく、塩、中華スープの素を入れてラップをかけてレンジの中でスタンバイしておく。ここまでお客様が来る前にすませておく。

3) パスタをゆで始める。表示時間より1分短くタイマーをかけ、ゆでて自分でかたさを調整する。
その間に 2 のソースを3分半レンジで加熱して温めておく。

4) パスタをフライパンの中でからませるわけではないので、好みのかたさになったら、パスタの湯をきり、温めたソースとあえる。

5) 仕上げのパルメザンチーズ、ピンクペッパー、黒こしょう、パセリを散らしてでき上がり。

## salad {サラダ}

# せん切りにんじんとクレソンのサラダ

にんじんのせん切りはスライサーでやってもいい。
大事なことは無理をせず、楽をして料理を続けることです。

### ingredients

にんじん……1本（ラップはかけずに丸ごとレンジで1分半加熱。皮をむき薄く斜め切りにしてせん切りにする）
クレソン……1わ（枝をちぎって水につけてパリッとさせる）
E.V.オリーブオイル……大さじ2
マヨネーズ……大さじ1
白ワインビネガー……大さじ1
塩……小さじ1/4
はちみつ……小さじ1
粒マスタード……小さじ1

### recipe

1) ボウルにE.V.オリーブオイル、マヨネーズ、白ワインビネガー、塩、はちみつ、粒マスタードを入れてかき混ぜたらにんじんとあえて冷蔵庫に入れておく。しんなりする。

2) クレソンはペーパータオルに包んで冷蔵庫に入れておく。

3) 食べる直前にもう一度にんじんとドレッシングをからませて皿に盛りつけ、底に残ったドレッシングでクレソンをあえてでき上がり。

## 鶏のビネガー煮 しいたけ添え

main dish 〔メイン〕

WITH
カッシェロ・デル・ディアブロ／シャルドネ／チリ
casillero del diablo

鶏はシェリービネガーで煮るのが大好きですが、どのスーパーでも手に入れやすく、シャルドネの風味と合うりんご酢でもとてもおいしい。煮ているうちに酸味はとび、りんごの甘みが残ります。

### ingredients

- 鶏骨付きもも肉……大きめなら3本、小さめなら4本
  （大きめなら半分に切るとよい）
- 塩……小さじ2
- おろしにんにく……少々（好みで）
  （以上すりこんでビニール袋で30分以上マリネしておく。前日でもよい）
- オリーブオイル……小さじ2
- りんご酢……1/4カップ
- 白ワイン……1/2カップ（水でもよい）
- 水……1/2カップ
- 玉ねぎ……1/2個（薄切り。ラップに包んでレンジで2分加熱）
- 生クリーム……1/2カップ

［付け合わせ用きのこソテー］
- しいたけ……4個（軸を取って3等分）
- まいたけ……1パック（軸を取ってざっくり分ける）
- エリンギ……大きめ1個（軸を取って4等分）
- にんにく……2かけ
- 唐辛子……1本（好みで）
- オリーブオイル……大さじ1
- 塩……小さじ1/2
- 中華スープの素……小さじ1/2

### recipe

1) フライパンにオリーブオイルを入れて、鶏肉を皮面から炒める。中火で10分ほど炒めていると濃いきつね色になる。（ここで濃くしておかないと、煮込むうちに色が消えてしまう）裏を返して5分ほど炒める。出てきた脂はペーパータオルなどでさっとふく。

2) 1のフライパンにレンジ加熱した玉ねぎ、りんご酢、白ワイン、水を入れ、沸騰したら鶏の皮面を上にしてふたをし、弱火で30分ほど煮る。お客様がみえるまでこのままふたをしてさまし、ソースに出たうま味を肉に戻す。

3) 食べる直前に中火でよく温め（水分が足りなければ水を足す）仕上げに生クリームを入れて、3分ほど弱火で温めてでき上がり。好みで黒こしょうをかけ、あればクレソンなどを添えると彩りがきれい。

4) きのこのソテーはフライパンにオリーブオイルを入れ、にんにく、唐辛子をさっと炒めたら他の材料を全て入れて、強火で炒めてでき上がり。レンジ加熱したじゃが芋を付け合わせにしてもよい。

---

MUSIC

**BILL EVANCE**
Sunday at village vangard

ビル・エヴァンス
「サンデイ・アット・ヴィレッジヴァンガード」

シャルドネが白の基本中の基本なら、私にとってジャズピアノの基本はビル・エヴァンスです。
崩れても品格のある音。
ビシッと決まった姿。
どこまでも澄んだ音はやっぱり最高です。

---

一般的にカリフォルニアのシャルドネが濃いめで風味たっぷりなら、チリのシャルドネはその中間でしょうか。フランスのシャブリはあっさりめ。とすると、チリのシャルドネはその中間でしょうか。あまり冷やさずに、風味を引き出しましょう。白ワインも冷やしすぎると味がわからなくなります。

## dessert {デザート}
# 温かいチョコレートタルト

アメリカではよくタルトの生地などにグラハムクラッカーを使いますが、ただのクッキーやビスケットでも同じ要領で作ることができます。温かいチョコレートソースはなんとも贅沢です。このデザートならコンビニで売っている材料で作ることができます。

**WITH**
バニュルス・シャプティエ／グルナッシュ／フランス

*banyuls*

チョコレートにとても合うお酒といったら、バニュルスやルビー・ポートワインでしょうか。パーティーのときは少し奮発してデザートワインをお出しするのもステキです。

### ingredients（21cmのタルト型1台分）

[クッキー生地]

- ビスケットやクッキー（チョコレートつきでもよい）……70g
  （グラハムクッキーなら4枚分。全粒粉ビスケットもおいしい）
- くるみ……40g（トースターなどで5分ほど焼く。香ばしくなる）
- バター……50g（レンジで1分加熱して柔らかくしておく）
- 板チョコ……140g（ブラックチョコレートまたはミルクチョコレート）
- チョコレートソース用バター……100g
- グラニュー糖……大さじ3
- 全卵1個と卵黄3個分（フォークで溶いておく）

● タルト型などの底、側面にクッキングシートを敷いておく。型にバターを塗り、シートを張りつけるとよい。

### recipe

**1）** トースターで焼いたくるみ、クッキーをビニール袋に入れてめん棒や瓶などで細かく砕いておく。

**2）** 柔らかくなったバターを1のビニール袋に入れて、袋の上からよくたたき混ぜる。

**3）** タルト型にのせ、ビニールの上から瓶や缶の裏で底に接着するように押し付けておく。前日ならラップをして冷蔵庫に入れてスタンバイ。

**4）** ソースも作っておく（3の生地とソースは焼く直前に合わせるので別々にしておく）。耐熱ボウルや丼などにチョコレートとバターを入れ、2分半ほどレンジ加熱して溶かす。泡立て器などでよく混ぜる。グラニュー糖も入れて混ぜる。つやが出るまでよくかき混ぜ、粗熱が取れたら、溶いた卵も入れてかき混ぜてラップをかけてスタンバイしておく。パーティー当日の朝にやってもいい。

**5）** メイン料理を食べ終わる頃にオーブンを190度に温め、3の生地のビニール袋をはずし、生地の上に4のソースを入れて11〜12分ほど焼く。5分ほどそのままさまし、温かいうちに型から出して切り分ける。表面はフルフルしているが、それでOK。とろけるところがおいしい。あればフレッシュラズベリーやいちご、七分立ての冷たい生クリームなどを添えてもおいしい。

# SAUVIGN
## ソーヴィニョン・ブラン
## さわやかさの白
### The Fresh White

ソーヴィニョン・ブランは、ハーブの香りや、ほどよい酸味が感じられるさわやかな白ワインの品種で、日本酒でいえばさっぱり飲める純米酒のような存在です。我が家ではゴールデンウィークが過ぎて暑さが増してくると、「シャルドネよ、秋口までさようなら。ソーヴィニョン・ブランよ、再びこんにちは！」と夏の到来を告げる品種でもあります。本場フランスのボルドー地方や、ロワール地方のサンセール、プイィ・フュメなどもおいしいワインを生産しますが、リーズナブル価格帯ではニュージーランド、チリ、南アフリカ、そしてフランスでは南のラングドック地方なども良質なワインを生み出し、日々の生活を楽しくしてくれます。

私がカリフォルニアに住んでいた頃は、ワインで最初の一杯というと「とりあえず、シャルドネで」というのが一般的で、ソーヴィニョン・ブランはあまりポピュラーな品種とはいえませんでした。こくのあるシャルドネと比べるとはっきりした特徴が感じられないからでしょう。でもある暑い夜、大学の近所のYoshi'sというSushi＆Jazzレストランに行った時、私がシャルドネを頼んでいるのを見たデンマーク人の友達が「よく暑い時にそんな濃いもの飲めるねえ」と自分はフュメ・ブラン（当時アメリカで使われていたソーヴィニョン・ブランの名称）を頼み、それを味見させてもらってからは、すっかりファンになってしまいました。

音楽に詳しいだけでなく、サックスやピアノを演奏できる彼が言うには、シャルドネはジャズピアニストでいえばマッコイ・タイナーで、ソーヴィニョン・ブラン（フュメ・ブラン）は当日演奏していたオスカー・ピーターソンのような存在なんだそうです。例えばカリフォルニアのシャルドネはタイナーの演奏のように、ごはんを食べ「ながら」飲むようなものでなく、スピーカーの前に座って演奏の重みを楽しむもの。一方、ピーターソンは時々話をしながら、ふと顔を上げるとそこに演奏があって、音楽だけでない世界と共存していけるもの。「へー。おもしろーい」2つの種類を飲み比べながらこっちはタイナー、こっちはピーターソンと自分に言いきかせて飲み続けていました。

その後、何年かたってやっと彼の言うことがわかったような気がしました。たしかに自分が料理するようなにんにくや青じそを使ったシンプルなパスタ、塩焼きした魚、和食やトマトで作った日常的な料理、またハーブをたくさん使うタイ料理やベトナム料理、スパイシーな中華料理には、さっぱりしたソーヴィニョン・ブランが合うと思うのです。一方、個性的なシャルドネを合わせると、個性と個性のぶつかり合いを感じることがあります。ワインを名前や生産地、生産された年で覚えるのもいいと思いますが、「この味はたとえると、もの静かな課長のよう」とか、自分にとって身近な人に当てはめるのもおもしろいと思います。最初は控えめでパンチはなく、すぐに親しくなれるようなタイプではないんだけど、時をかけていっしょにいると味わいがあって心が落ち着く。香りにしても、最初パーッと華やかなものがずっと華やかなわけではなく、時間がたって立ち上がってくるものもあります。そうしてまた出合いたいと思ったタイプのワインだけは、どこか手帳の後ろに名前を書き留めておき、酒屋さんやネットで探してみるとよいのです。再会したときの喜びは格別です。「いやあ、元気だった？　ピーターソン！」そうしてまた一杯のソーヴィニョン・ブランとの会話が始まります。

# MENU

**appetizer** {前菜} **& sparkling**
### 牛たたきのチーズ風味
with ♣ ロジャー・グラート／カヴァ・ロゼ／スペイン

**pasta** {パスタ} **& white**
### うにトマトクリームソース
with ♣ ジェ・ド・ギロー／ソーヴィニョン&セミヨン／フランス

**salad** {サラダ}
### グレープフルーツと
### グリーンのサラダ

**main dish** {メイン} **& white**
### 切り身魚のマンゴーソース
with ♣ シレーニ／ソーヴィニョン・ブラン／ニュージーランド

**dessert** {デザート} **& brandy**
### 大人のチーズケーキ
with ♣ アルマニャック／ブランデー

## 準 備 す る こ と

[前日]
- チーズケーキを焼いておく。

[当日]
- 切り身魚のマンゴーソースを作り、
  タッパーに入れて冷やしておく。
- サラダの材料は洗っておき、グレープフルーツは
  薄皮をむいて冷蔵庫に入れておく。
- うにトマトクリームソースを作って、
  パスタの湯を沸かしスタンバイしておく。
- 牛たたきの材料も全部切ってラップに包み、
  冷蔵庫に入れて合わせるだけにしておく。
  盛りつけた器ごと入れておいてもよい。
- メインの魚は、お客様がみえる直前に塩をしておく。
- 使う器を選んで、テーブルセッティングをしておく。

WITH
ロジャー・グラート／カヴァ・ロゼ／スペイン

roger goulart

赤い色だから甘いのか？ というとそうではありません。
ロゼのカヴァはぶどうの皮の渋みが
ほどよく入って辛口です。同じブランドの
ドュミ・セックもほんのり甘みがあってすばらしい。

## ♣ appetizer {前菜}
# 牛たたきのチーズ風味

牛たたきも少し買うだけならそんなに高くありません。
少ない材料をどうやってたくさんに見せるか、またちょっとの工夫で
ステキに見せるか、パーティー料理はアイデア勝負です。

### ingredients

牛たたき肉……150g
モッツァレラチーズ……1個（肉の大きさに合わせて5mmの薄切り）
ルッコラ……少々（刻んだもの）
パルメザンチーズまたはペコリーノロマーノ（固まりがよい）
　　……少々
あればピンクペッパー……少々
黒こしょう……少々
塩……適宜
こしょう、E.V.オリーブオイル……各少々

### recipe

1) 盛りつける器に肉を並べ、塩、こしょうをする。
その上にモッツァレラチーズをのせ、さらに塩をする
（モッツァレラチーズはあまり味がない）。ここまでをお客様がみえる
前にすませておき、ラップをかけて冷蔵庫に入れておく。

2) 仕上げに刻んだルッコラ、パルメザンチーズ、
ピンクペッパー、黒こしょうをかけ、最後に
E.V.オリーブオイルを回しかけてでき上がり。

なお、なんでもそうですが、冷たすぎると味を感じなくなるため、
10分くらい前には冷蔵庫から出しておくとよいでしょう。

| MUSIC |
| --- |
| **OSCAR PETERSON**<br>Girl talk |

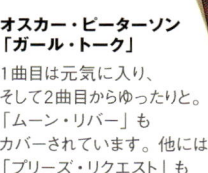

**オスカー・ピーターソン**
「ガール・トーク」

1曲目は元気に入り、そして2曲目からゆったりと。「ムーン・リバー」もカバーされています。他には「プリーズ・リクエスト」も大好きです。

| WITH |
| --- |
| ジェ・ド・ギロー／ソーヴィニョン&セミヨン／フランス |

*chateau guiraud*

フランスのデザートワイン・ソーテルヌを生産する地区で作り出す辛口ボルドーワイン。ソーヴィニョン・ブランとセミヨンの混合で風味があります。あまり冷やさずに。

## pasta {パスタ}
# うにトマトクリームソース

シチリアに行ったとき、うに、トマト、唐辛子の組み合わせに感動しました。日本のレストランで食べるよりずっとあっさりしています。ソースはレンジで作ってもおいしいです。

### ingredients
- うに……70g（1箱）
- トマト……1個分（皮ごとすったもの1/2カップ分）
- 生クリーム……1/2カップ
- おろしにんにく……小さじ1/4
- 塩……小さじ1/2
- 砂糖……小さじ1/4
- 唐辛子……1〜2本（みじん切り）
- 黒こしょう……少々
- あれば彩りにパセリまたはイタリアンパセリ
- パスタ（1.9mmのもの）……240g
- パスタをゆでる水と塩（水12カップに対して塩大さじ2）

### recipe
1) お客様がみえる前に湯は沸騰させて塩を入れておく。
2) 耐熱器または耐熱ボウルに、うに、トマト、生クリーム、おろしにんにく、塩、砂糖、唐辛子を入れスタンバイしておく。
3) パスタがゆで上がる間に2をレンジで3分半加熱してかき混ぜておく。
4) パスタはちょうどいいかたさで湯から引き上げ、よく水をきったら3のソースとからめる。仕上げに黒こしょうとパセリなどを彩りに散らしてでき上がり。

大きめの耐熱器はとても便利です。

SAUVIGNON BLANC

salad {サラダ}
# グレープフルーツと
# グリーンのサラダ

グレープフルーツとソーヴィニヨン・ブランは合います。
さわやかさが似ているからです。ハーブなどもサラダに入れると
さらにおいしい。ワインにも合うサラダです。

ingredients

グレープフルーツ……1個（ピンクでもイエローでもよい）
ルッコラやハーブなど（ミックスグリーンでもよい）……4カップ分
[ドレッシング]
　オリーブオイル……大さじ2
　マヨネーズ……大さじ1
　はちみつ……小さじ1
　塩……小さじ1/3

recipe

1) グレープフルーツは薄皮をむいて冷蔵庫に入れておく。

2) グリーンもよく洗って水けをきり、ラップをして冷蔵庫に。

3) お客様がみえる前にボウルにドレッシングを用意しておく。

4) 食べる直前に全ての材料を混ぜてでき上がり。

パスタがクリーム系だったのでメイン料理は、あえてさっぱりと。
切り身魚とソーヴィニョン・ブランの組み合わせならマンゴーだけでなく、
ぶどう、キライなどをソースに使ってもおいしい。

## main dish〔メイン〕
# 切り身魚のマンゴーソース

**WITH**
シレーニ／ソーヴィニョン・ブラン／ニュージーランド

*sileni*

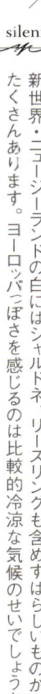

新世界・ニュージーランドの白にはシャルドネ、リースリングも含めすばらしいものがたくさんあります。ヨーロッパっぽさを感じるのは比較的冷涼な気候のせいでしょうか。

切り身なら骨が少ないので子供たちにも人気です。
かじきまぐろやたい、たらなど、あっさりした魚にとても合います。
ソースは前日から合わせておいてもおいしいですよ。

### ingredients

切り身魚……4切れ
あればバジルの葉……2枚
●フライパンで焼くならオリーブオイル大さじ2
●魚焼き器でグリルするならバジルの葉、オイルはいらない
塩、こしょう……適宜
［ソース］
　紫玉ねぎ……1/4個（みじん切り。普通の玉ねぎなら水によくさらす）
　黄ピーマン……1/3個（角切り）
　きゅうり……1/2本（角切り）
　トマト……1/2個（角切り）
　マンゴー……1/2個（角切り）
　にんにく……小さじ1（みじん切り）
　塩……小さじ3/4
　砂糖……小さじ1/2
　酢……小さじ1
　レモン汁……大さじ1
　オリーブオイル……大さじ3
　パセリやバジルまたはシャンツァイ（好みで）……少々

### recipe

**1)** ソースを作る。切った野菜をボウルに入れ、塩を入れてかき混ぜ、酢、オリーブオイル、レモン汁、砂糖、パセリまたはシャンツァイを入れて30分以上マリネする。

**2)** 切り身魚にはお客様到着直前に塩、こしょうをして冷蔵庫に入れておく。フライパンで焼くならオリーブオイルといっしょにバジルを炒め、香りのついた油で魚を焼く。魚焼き器でグリルする場合はそのまま焼く。

**3)** ソースをかけていただく。あれば飾りにバジルをのせて。

SAUVIGNON BLANC 033

## dessert {デザート}
# 大人のチーズケーキ

ぶどうを発酵させた蒸留酒・ブランデーをケーキに入れました。
アルマニャックとコニャック、どちらでもけっこうです。
風味が løるので2日前から作りおきしてもいいでしょう。
ブランデーといっしょにどうぞ。

ingredients（18cmケーキ型1台分）

[クッキー生地]
- ビスケットやクッキー（チョコレートつきでもよい）……70g
  （グラハムクッキーなら4枚分。全粒粉ビスケットもおいしい）
- くるみ……40g（トースターなどで5分ほど焼く。香ばしくなる）
- バター……50g（レンジで1分加熱して柔らかくしておく）

クリームチーズ……250g（1箱）
サワークリーム……100g（小1個）
卵黄……2個分
グラニュー糖……大さじ4（卵黄用）
卵白……3個分
グラニュー糖……1/2カップ（卵白用）
レモンの皮……1/2個分（すりおろす）
ブランデー……大さじ1

● ケーキ型などの底、側面にクッキングシートを敷いておく。
  型にバターを塗り、シートを張りつけるとよい。
● 天パンに入れる熱湯をやかんに沸かしておく。
● ケーキ型をのせる網（天パンについているものでよい）も用意して、
  オーブンは150度に温めておく。

### recipe

1) 焼いたくるみ、クッキーを
ビニール袋に入れて麺棒や瓶などで細かく砕いておく。

2) 柔らかくなったバターを1のビニール袋に入れて、
袋の上からよくたたき混ぜる。

3) ケーキ型にのせ、ビニール袋の上から瓶や缶の裏で
底に接着するように押しつけておく。

4) 耐熱ボウルにクリームチーズを入れてレンジで1分ほど
加熱して柔らかくする。そこにサワークリームも入れ、
木べらでかき混ぜておく。

5) 4に卵黄、グラニュー糖を入れて、レモンの皮をすったもの、
ブランデーも入れ泡立て器でよくすり混ぜる。

6) 別の大きなボウルに卵白を入れ、グラニュー糖を
少しずつ加えながら、電動ミキサーでメレンゲを作る。
ピンとかたく立つまで10分ほど回す。

7) 5を6に入れ、ザクザクッと泡立て器で混ぜて
ビニール袋をはずした3の型に入れ、最後にトントンと
上から落として空気を抜く。

8) 天パンに網をのせ、その上に7をのせる。
（網をのせるのはケーキ型が直接湯につかってしまわないため）
オーブンに入れたら、やかんから湯を天パンに注ぎ、
150度のオーブンで80分、蒸し焼き状態にする。
好みで七分立ての生クリームを添える。

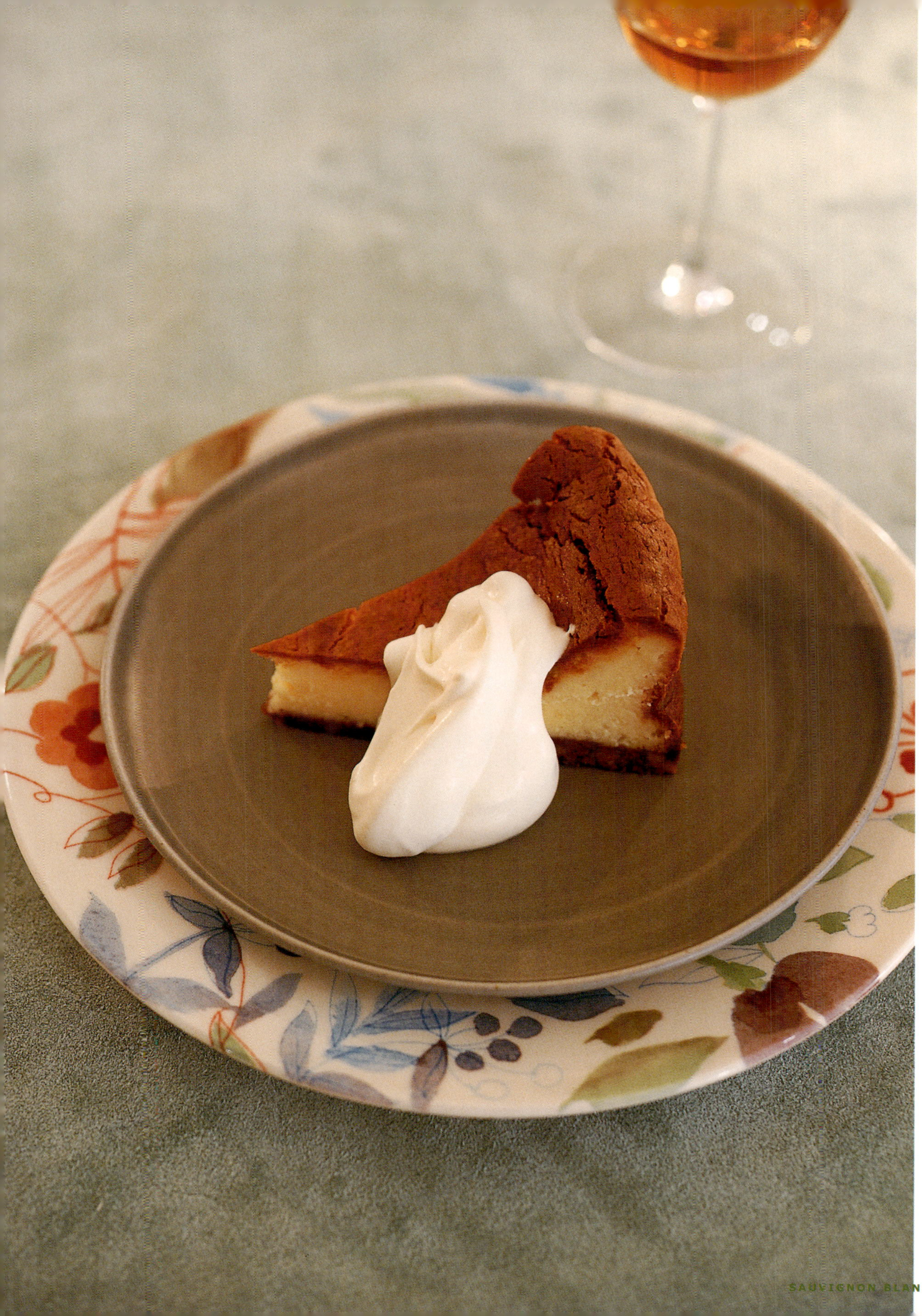

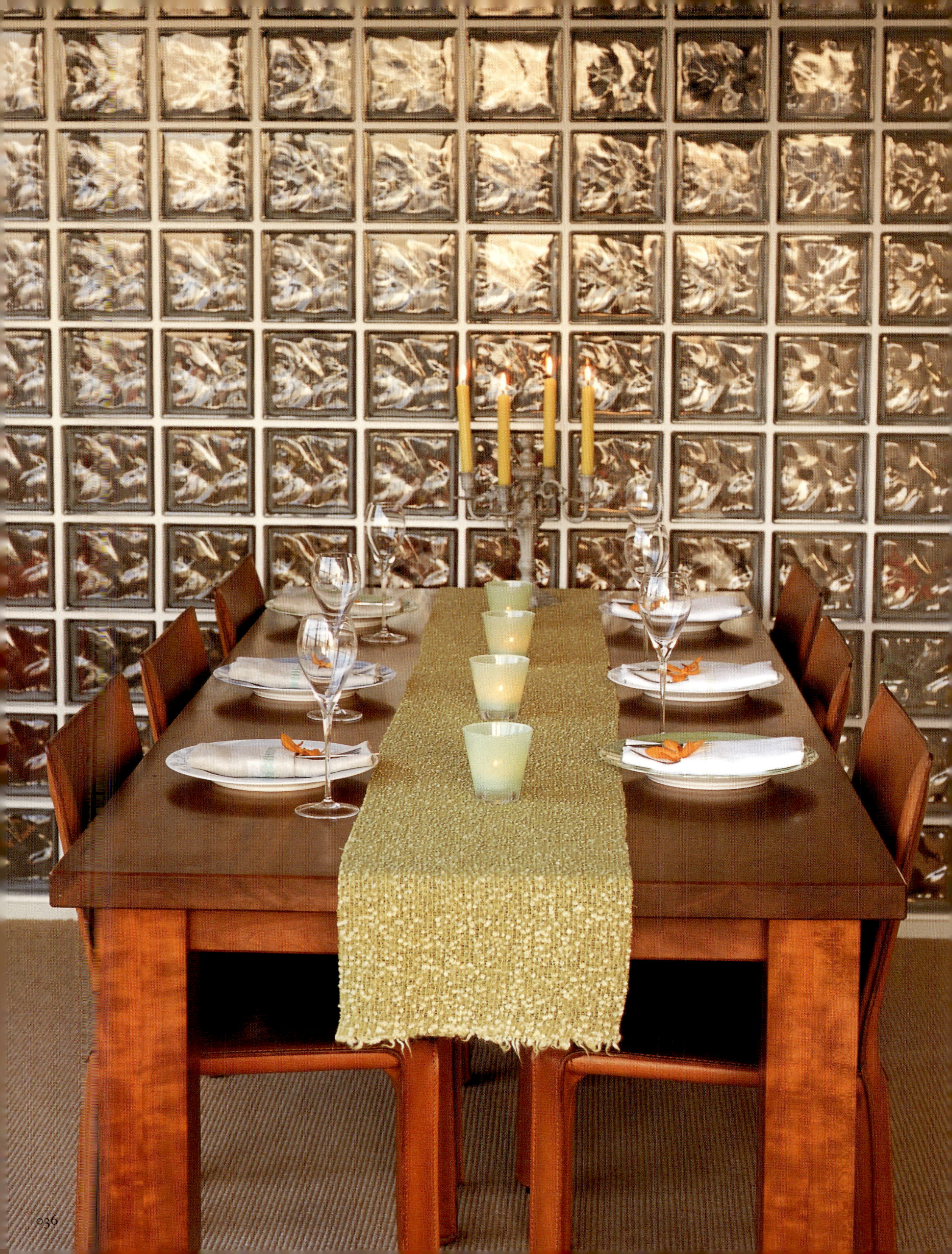

リースリングは白ワインの偉大なぶどう品種のひとつですが、日本での人気はあまり高くありません。その理由のひとつは「リースリング＝甘い」という印象が強すぎて食事と合わないと敬遠されているからです。ドイツに行って本場のリースリングに出合うまで、私もそう思っていました。親友カリンちゃんのお父さんの生家があるヴュルツブルクに行った時、お父さんが「テラスで白ワインを飲もう」と言ってくれました。甘いワインは苦手だなあ、そう思いながら涼しい夏の庭に出ました。開けてもらったのは地元のお酒。小さなグラスについでもらっただけなのに、香りは辺り一面に漂います。それは黄緑色の葉っぱのようであり、ばらのようであり、りんごやはちみつのようでもある。品があるのに華やか、飲んでみるとさわやかな余韻が残ります。「リースリングは甘ったるいという印象をもたれがちだけど、本当は収穫する時期やぶどうの植わっている場所によって全く違う味になるんだ。もし辛口が好きなら、ボトルにトロッケン（辛口）とかハルプトロッケン（やや辛口）と書いてあるものを見つけてごらん」とお父さんは言います。

## リースリング
## 優美なる白
### The Elegant White
# RIESLING

この時からリースリングという品種に興味を持ち、フランスのアルザス、オーストラリア、ニュージーランドのボトルも買ってみるようになりました。どのリースリングも洋食だけでなく和食やおすし、中華など様々な料理に合います。その上品な味わいは、夜、疲れて帰った時に飲むワインとしても最適です。独特な深みあるやさしさのせいでしょうか。お父さんはこんなことも教えてくれました。「ドイツはぶどうを育てるには北の土地だから大変なんだよ。川のほとりの急斜面にぶどうが植えられていたりするだろう。あれは手がかかるんだ。でも覚えておきなさい。だから複雑な味わいとやさしさを持つワインができ上がることを。そしておまけの話だけど、もしいつかリカに子供ができて、その子が何かにぶち当たったら、こういう土地で農業をさせてみることを思い出しなさい。子供もぶどうと同じ。体を動かし一生懸命生きるということを経験すれば、立派な大人になれるのだから」ずっと学校の先生であり、血がつながる2人とつながらない3人、計5人の子供を育てたお父さんの経験から出た深い言葉でした。その時から、もし将来子供が道に迷ったらぶどう畑に送り込もうと思うようになりました。厳しい土地でぶとうとともに生き、育て、果実を味わい、また再び芽吹くまでのサイクルを見せてあげたら、お父さんの言うように、迷っている子供も地に足が着くかもしれません。

リースリングのやさしさは和食にとても合います。料理と合わせるには辛口もいいけど、いつか甘いドイツの最高級・貴腐ぶどう（熟したぶどう）リースリングもお試しを。寝る前にモーツァルトのクラリネット協奏曲イ長調の第二楽章なんて聞きながら飲むと、それはもう、いい一日だったなあと素直に思えることでしょう。本日は辛口のオーストリアとドイツの、ほんのり甘いリースリングをご紹介。その違いをお楽しみください。

## MENU

**appetizer** {前菜} **& sparkling**
### 卵のクリームがけ
with リープフラウミルヒ／ゼクト／ドイツ

**pasta** {パスタ} **& white**
### スモークサーモン&レモンパスタ
with ♣ ジェイコブス・クリーク／
リースリング／オーストラリア

**salad** {サラダ}
### アスパラガスとチーズのサラダ

**main dish** {メイン} **& white**
### ピンポン香味豚
with ♣ メーリンガー・ツェラーベルク
ホッホゲヴェクス／リースリング／ドイツ

**dessert** {デザート} **& sparkling**
### ショートニングパイ
with エルトベーア・シャウムヴァイン／
いちごのスパークリング／ドイツ

## 準備すること

[前日]
- メインの**豚肉**をマリネしておく。当日の朝でもよい。

[当日]
- 洋なしのパイを焼いておく。
- サラダの準備をしておく。
- パスタの準備をしておく。
- メインの**付け合わせ**を作っておく。
- 前菜を作って冷蔵庫に入れておく。
- 豚肉をオーブンにセッティングしておく。
- 使う器を選んでテーブルセッティングをしておく。

appetizer {前菜}
## 卵のクリームがけ

WITH
リープフラウミルヒ／ゼクト／ドイツ

liebfraumilch zekt

ドイツワインでおなじみの「聖母の乳」と呼ばれるワインのスパークリング版です。ほんのり甘いなかにはちみつのような風味。生クリームにはちみつをかけるのでよく合います。

RIESLING 039

pasta {パスタ}
## スモークサーモン&
## レモンパスタ

## アスパラガスとチーズのサラダ
🍴 salad（サラダ）

### WITH
**ジェイコブス・クリーク／リースリング／オーストラリア**

jacob's creek

オーストラリアとニュージーランドでとりわけ有名なジェイコブス・クリークはオーストラリアのワイナリー。他の品種もおすすめ。メルボルン郊外でおいしいホースベリーだけを生産しています。

### MUSIC
**STAN GETZ**
Stan Getz plays

**スタン・ゲッツ**
**「スタン・ゲッツ・プレイズ」**

優雅、それでいて大胆な
サックスプレイヤーの
スタン・ゲッツ。
彼のアルバムの中でも
のんびり聴ける1枚です。
ボサノバがお好きなら
「ゲッツ／ジルベルト」もおすすめ。

RIESLING 041

## appetizer {前菜}
# 卵のクリームがけ

卵黄だけを半熟にして、その上にパルメザンチーズ、生クリームをかけます。卵の上にうにをたっぷりのせ、塩少々をかけてから生クリームをかけても豪華です。

ingredients

卵黄……4個分
卵黄用塩……4つまみ
E.V.オリーブオイル……少々
生クリーム……1/4カップ
生クリーム用塩……小さじ1/4
生クリーム用はちみつ……小さじ1
パルメザンチーズ……小さじ4（フレッシュがよい）
あればピンクペッパー……4粒
黒こしょう……少々

recipe

1) 卵を手のひらで持ち、ペティナイフでコンコンコンと軽く上部1/3ほどを叩き割る。卵白を取り出し、卵黄を手のひらに取り殻はさっと洗う。

2) 卵黄を殻に戻し塩を1つまみパラパラかけておく。

3) 深めの鍋に湯を沸騰させ（少なめでよい）網を敷く。2を小さな器に入れて網にのせ、中火で2分半蒸して、卵黄を半熟状態にする。レンジなら卵黄に4ヵ所竹串で穴をあけ、ラップをして1個8秒ほど加熱する。

4) 卵の表面が乾かないようにE.V.オリーブオイルを少々たらしておく。

5) パルメザンチーズをおろし金などでする。生クリームは塩、はちみつといっしょに七分立てに泡立てておく。

6) お客様がみえる前に卵の上に5の生クリーム、チーズ、黒こしょう、ピンクペッパーをのせ、冷蔵庫でスタンバイしておく。

## pasta {パスタ}

# スモークサーモン＆レモンパスタ

**辛**ロリースリングにはサーモンのマリネや刺身、すしがよく合います。このパスタにはケーパーを入れてさわやかさを出しました。

### ingredients

にんにく……1かけ（薄切り）
E.V. オリーブオイル……大さじ2
唐辛子……好みで1～2本（刻む）
レモン……1/2個分（40秒温めて果汁を絞る）
紫玉ねぎ……1/4個（みじん切り。水に10分つけておく）
（ないときは普通の玉ねぎを水に20分つけておく）
ケーパー……大さじ2
塩……小さじ1/4
中華スープの素……小さじ1/4
砂糖……1つまみ
オリーブオイル……大さじ1
パスタ（リングイーネや1.9mmのスパゲティ）……240g
スモークサーモン……100g
バジルか青じそまたはミントなど
仕上げのパルメザンチーズ……少々（できればフレッシュ）
仕上げのE.V. オリーブオイル、黒こしょう……各少々
パスタをゆでる水と塩（水12カップに対して塩大さじ2）

### recipe

1) お客様がみえる前に湯は沸騰させて塩を入れておく。

2) レンジで作るなら大きめの耐熱器、または耐熱ボウルににんにく、E.V. オリーブオイル、唐辛子を入れラップをしてレンジで1分半加熱する。フライパンなら弱火でにんにくに火を通す。

3) 2に紫玉ねぎ、レモン汁、ケーパー、塩、中華スープの素、砂糖、オリーブオイルを入れ、スタンバイしておく。

4) パスタをゆでて、3のソースとからめる。ソースはからめる直前に一度レンジで1分半加熱するか、フライパンで温める。

5) 仕上げにスモークサーモンをちぎってのせ、バジル、パルメザンチーズ、仕上げのE.V. オリーブオイルを少々かけ、黒こしょうをふってでき上がり。

## salad {サラダ}

# アスパラガスとチーズのサラダ

**季**節なら、アスパラガスも生がおいしい。甘みがあるので、なるたけ太めのアスパラガスを。前菜としていただくなら半熟卵をのせてお出しするときれいです。リースリングに合うように仕立てました。

### ingredients

アスパラガス……1わ
パルメザンチーズ……30g（フレッシュがよい）
E.V. オリーブオイル……大さじ1
レモン……1/4個
塩（できれば岩塩がおいしい）……少々

### recipe

1) アスパラガスは斜め薄切りにしてE.V. オリーブオイルをからめておく。

2) パルメザンチーズはピーラーで薄く削っておく。

3) 食べる直前にアスパラガスに少々塩をふり、レモンを絞り、チーズをのせてでき上がり。

RIESLING 043

## main dish {メイン}
# ピンポン香味豚

**お**客様が玄関をピンポンと鳴らした時にオーブンで焼き始めると、
いい頃合いででき上がるので、こう名付けました。
ピンポンと鳴ったらオーブンをつけてね。
忘れるとメインなしの淋しいディナーになってしまいます。

### ingredients

豚肩ロース肉……600g（固まり）

● ロースやフィレはパサパサになるのでオーブン焼きにはすすめません。
「肩ロースの固まりの大きめのところ」とお店で言うと、切ってもらえますよ。
多いようでも2～3日もつので、この大きさでゆっくりローストするといいでしょう。
スーパーで売っている、焼き豚用350～400gのものしか手に入らない場合、
高温にして短時間焼いてください。一般的に肉の固まりが大きいなら低い温度で
長く、小さいなら高い温度で短く焼くと覚えておくと便利です。
350～400gなら180度で35～40分が目安です。
その時含ませる塩の量は比率で減らすこと。例えば400gなら小さじ2にして。

塩……大さじ1
はちみつ……大さじ1
りんごジュース……1カップ
五香粉……小さじ1/2
テーブルでかける塩……少々（あれば岩塩）
こしょう……適宜
水……2.5カップほど（天パンの大きさによっては減らす）

### recipe

1) 肉に塩、はちみつを塗って、そのまま30分以上おき塩を含ませる。

2) ビニール袋を二重に重ね、豚肉とりんごジュースを入れる。
最低6時間以上冷蔵庫でマリネして肉質を柔らかくする。
本当は前日、または前々日にやっておくとよい。

3) お客様がみえる30分くらい前に冷蔵庫から出し、
オーブンの天パンの上に網をのせ、その上に肉をのせ、
五香粉と塩、こしょう少々（分量外）をまぶしておく。
そのまま焼いてもいいが、天パンに湯をはって焼くと、
蒸し焼き状になり肉がしっとりする。

4) ピンポンとお客様が鳴らしたら140度で90分タイマーをかけて
焼き始める。600gでこの温度、時間、冷蔵庫から出して30分ほど
という条件だと肉の中心がほんのりピンク色になる。
焼き上がってすぐに切ると肉汁が出てしまうので網で10分休ませてから
肉を切る。付け合わせといっしょに皿に盛りつける。

塩は中心までは浸透しないので「お好きにかけてください」
と食卓に出しておく。お好みで粒マスタードもどうぞ。

---

**WITH**

メーリンガー・ツェラーベルク ホッホゲヴェクス／
リースリング／ドイツ

dahmen kuhnen

ドイツワインは格付け（等級分け）されていて、いちばん下がテーブルワイン、続いてクーベーアー、カビネットなどがあります。こちらはクーベーアー・クラス。ほんのりした甘みが、深みを感じさせるリースリングです。造り手はモーゼル地方のワイングート・ダーメン・クーネン。

### 付け合わせ 冷たくてもおいしいので、お客様がみえる前に作っておくとよい。

#### ingredients

玉ねぎ……1個（皮をむいて8mmの輪切り）
いんげん……1わ（洗って両端を切っておく）
あればローズマリー……少々
塩……小さじ1/2
オリーブオイル……大さじ1

#### recipe

1) 耐熱器に玉ねぎ、いんげんを入れる。

2) 塩、オリーブオイルを回しかけて、好みで
ローズマリー（フレッシュでも乾燥でもよい）を少々のせる。
ラップをかけて10分レンジで加熱してでき上がり。

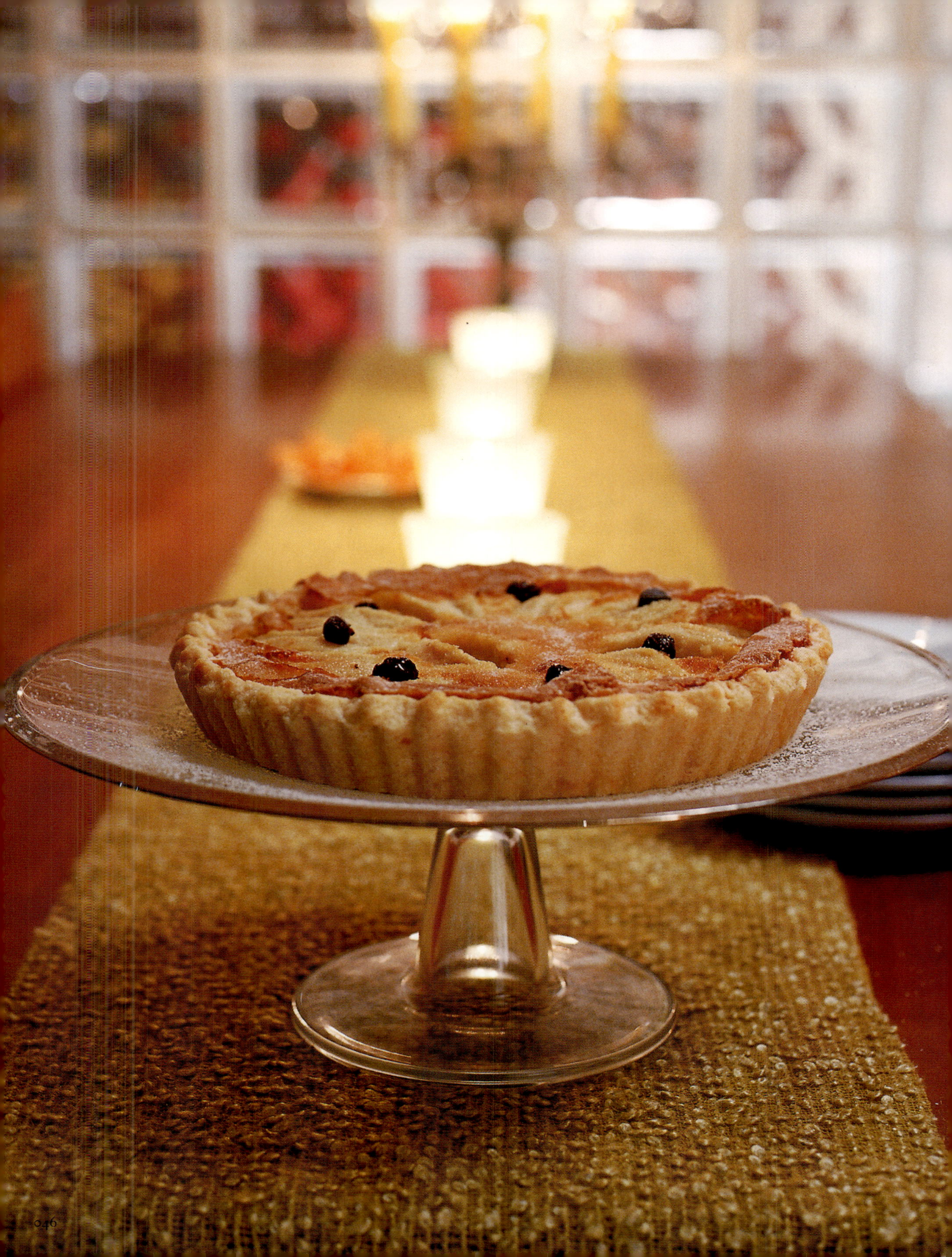

## dessert {デザート}
# ショートニングパイ

国産ショートニングは製菓売り場で売っています。これを使えば信じられないほど手軽にパイが作れます。りんご、桃、いちじく、さくらんぼなども合いますよ。

**WITH**
エルトベーア・シャウムヴァイン／いちごのスパークリング／ドイツ

*erdbeer schaumwein*

色のイメージとは違って決して甘ったるいわけではなく、さっぱりとした味わいです。デザートワインは食後の余韻を楽しむためのもの。パーティーにはぴったりです。

ingredients（21cmのパイ型またはタルト型1台分）

[パイ生地]
- 薄力粉……1.5カップ（150g）
- 塩……小さじ1/2
- ショートニング……大さじ7（80g）
- 冷たい水……大さじ3

recipe

1) ボウルに薄力粉、塩、ショートニングを入れ、フォークで混ぜる。

2) 1に冷たい水を少しずつ足して、さらにフォークでさくっと混ぜてまとめる。全工程を2分くらいで行う。ネチョネチョ混ぜていると、さくっと仕上がらない。

ingredients

[中身]
- バター……50g（5目盛り分）
- グラニュー糖……1/2カップ（90g）
- 卵……1個
- アーモンドパウダー……1/2カップ（50g）
- 薄力粉……大さじ2
- 牛乳……大さじ2（かわりに甘めの白ワインでも風味がよい）
- かたい洋なし……2個（柔らかいと汁けが出る）
  ●またはりんご
- 仕上げのグラニュー糖……大さじ1

recipe

1) パイ生地を広げる。ラップの間に挟み麺棒でのばす。パイ型より大きめに広げて型にしっかりつける。温度が上がると生地がだれてくるので、冷蔵庫に10分、または冷凍庫に5分入れておく。

2) 中身を準備する。耐熱ボウルにバターを入れ、レンジで1分ほど加熱したら、そこにグラニュー糖、卵、アーモンドパウダー、薄力粉、牛乳を入れてかき混ぜる。

3) 洋なしの皮をむき、種を取って縦に10等分に切る。

4) 冷蔵庫から出したパイ生地に洋なしをのせ、その上から2のソースをかけ、仕上げにグラニュー糖をふり、すぐにオーブンで焼き始める。170度で45〜50分（長く焼いたほうがカリッとする）ほど焼く。こんがりが好みなら、さらに10分ほど焼いてもよい。あればブルーベリーや粉砂糖をかけて仕上げる。好みでバニラアイスクリームを添えてもおいしい。

# ITALIAN WHITES

## イタリアの白 千差万別の白

The Variety of Whites

　イタリアでは、なんと、国内20州全土でワイン造りを行っています。それぞれの土地の人が自分たちのいちばんおいしいと思う個性的な品種を多数作っているためか、白赤ともに種類が膨大で、品種によって分類するのが難しいといえます。一方で州によって変化に富み、リーズナブルな価格でびっくりするほどのおいしさに出合う、玉手箱のような存在でもあります。

　イタリアワインの分類の難しさは、イタリア人自身もそう感じているようで、友人が紹介してくれたキャンティの丘にあるイル・フェディーノというレストランのシェフもこんなことを言っていました。

　「イタリア人は自分の土地が一番と思っているのさ。私なんかほとんどここから出たことがない。でも見てごらん。この風景は天国にいちばん近いと思ってしまう。だからトスカーナの人はトスカーナのワインを飲むし、他の土地のワインがどんな味がするのかなんて気にしていない。イタリア全土のワインを『わかろうとする』なんて、不可能なのさ」

　15世紀に建てられた建物のテラスから8月のトスカーナを見渡すと、たしかにこのうえなく平穏です。干草のカーペットの上に、たわわに実をつけたオリーブの木。聞こえてくるのは鳥の声と中世から鳴り響いてきた教会の鐘の音だけ。私は、ずっと外に憧れを抱いて生きてきたけど、目の前にいるこの人は違う。この土地が一番なのだと言う。きっとこういう地元を愛する心が、市場調査をして大量生産されるワインとは一線を画し、イタリアのワインを個性的でおもしろいものにしているのだろうと思いました。

　イタリアワインは無数にあるぶどう品種より、地理から入るほうがわかりやすいと思います。まず日本でいう県にあたる主要な州の名前を覚え（好みの4〜5つでいいと思います）、大まかに「赤にしても白にしても南は果実味にあふれ、北は酸味とのバランスが良い。南は物価が安い分、お手頃な値段が多い」ととらえます。そのうえで以下を参考にワインを選んでみてください（州に続く名前は銘柄となるぶどう品種名または生産地名）。

1 ●アブルッツォ州／トレッビアーノ種（コストパフォーマンスが高く果実味あり）
2 ●ラツィオ州／フラスカーティ（さっぱりして飲みやすく、何にでも合わせやすい）
3 ●ウンブリア州／オルヴィエート（辛口だが、まろやかな果実味）
4 ●マルケ州／ヴェルディッキオ種（酸とのバランスがよい、辛口、魚に合う）

5●ヴェネト州／ソアーヴェ(きれのよい、さわやかな辛口)
6●フリウリ州／ピノ・グリージョ種(シャルドネとソーヴィニョンの中間のような白)
7●トレンティーノ・アルトアディジェ州／シャルドネ種、ソーヴィニョン・ブラン種、ゲヴェルツトラミナー種(少々値段は高いが、フランスまたはドイツ風の白で心地よい複雑さ)

**新**しい単語が出てきてフ～ッ！ですよね。でも覚えなくても、そのつど本を開けばいいんです。それよりはワインを楽しむことのほうがずっと大事。「おいしいな」そう感じたら、それだけでいいんです。今夜は、疲れた頭にエミリア・ロマーニャ州（地図の**8**）のほんのり甘いランブルスコで乾杯。それから北上してヴェネト州で辛口ソアーヴェを。下って南のアブルッツォ州で果実味豊かなトレッビアーノはいかがでしょう？

## 準備すること

[前日]
- タルトの生地は前日に作っておくと楽。当日朝でもよい。
- レバーパテは前日に作っておくと楽。

[当日]
- タルトを焼き、アングレーズソースを作って冷蔵庫に入れておく。
- パスタのソースを作り、湯を沸かして塩を入れておく。
- サラダのソースをレンジで作って、野菜を切っておく。暑い時は冷蔵庫に。
- メインの香草ソースを作っておき、お客様がみえる前に魚に塩をして冷蔵庫に入れておく。
- 前菜はお客様がみえる直前に盛りつけておく。
- 使う器を選んでテーブルセッティングをしておく。

## MENU

**appetizer {前菜} & red sparkling**
生ハム、レバーパテ、
　オレンジの盛り合わせ
with コンチェルト／ランブルスコ レッジアーノ セッコ／
エミリア・ロマーニャ州

**pasta {パスタ} & white**
缶詰のトマトソース・ルッコラのせ
with ♣ カ・ルガーテ／ソアーヴェ・クラシコ／ヴェネト州

**salad {サラダ}**
旬の野菜サラダ
　アンチョビドレッシング

**main dish {メイン} & white**
切り身魚とえびの香草焼き
with ♣ グラン・サッソ／トレッビアーノ・ダブルッツオ／
アブルッツォ州

**dessert {デザート} & brandy**
りんごと松の実の簡単タルト
　グラッパ風味のアングレーズソース
with グラッパ

## appetizer {前菜}

# 生ハム、レバーパテ、オレンジの盛り合わせ

エミリア・ロマーニャ州やトスカーナ州に行くと、生ハムやレバーなどを前菜として食べます。食べ過ぎると次のコースに進めないので、前菜では少量をどうぞ。

### ingredients

[レバーパテ]

| | |
|---|---|
| 鶏レバー……200g | （きれいに掃除したもの。細かく切って約1カップ分） |
| にんにく……1/2かけ | （みじん切り） |
| オリーブオイル……大さじ1 | |
| 玉ねぎ……小1/2個 | （みじん切り約1カップ分。ラップに包みレンジで5分加熱） |
| 塩……小さじ1/4 | |
| 砂糖……小さじ1/4 | |
| あればレモン汁……小さじ1 | |
| 白ワインまたは水……大さじ3 | |
| アンチョビ……1枚 | （なくてもよい。そのかわり塩味を調整） |
| バター……20g | |
| あればコニャック……小さじ1 | |

好みのパン（ライ麦パンやパン・ド・カンパーニュなど。薄切り）
生ハム……2〜3枚
好みのサラミ……少々
オレンジ……1/2個（皮をむいて房から取り出しておく）
あればオリーブの実……少々
仕上げのE.V.オリーブオイル……適宜

WITH

コンチェルト／ランブルスコ レッジアーノ セッコ／
エミリア・ロマーニャ州

concerto lambrusco reggiano

ランブルスコロッソは赤の微発泡性ワイン。ぶどう酒の原形であるぶどうジュースのような飲み物でほどよい甘みと苦みが特徴。ハムやパテ、シンプルなピザなどとよく合います。

### recipe

**1)** レバーパテを作る。フライパンにオリーブオイル、にんにく、加熱した玉ねぎを入れて中火でさっと炒める。

**2)** 1 に細かく刻んだ鶏のレバーを入れる。塩、砂糖、レモン汁、白ワイン、アンチョビも加え火が通るまで中火で炒める。レバーが細かいと火の通りが早い。

**3)** レバーに火が通ったら、火を止めてバターを加え、あればコニャックを混ぜる。

**4)** 3 をすり鉢かフードプロセッサーに入れてペースト状につぶす。冷蔵庫で保存する。食べる時は常温のほうがおいしいので、1時間くらい前に冷蔵庫から出しておく。

**5)** 好みのパンをトーストして E.V.オリーブオイル少々（分量外）をかけ、パテを塗ってでき上がり。

**6)** 生ハムやサラミ、オレンジ、オリーブの実などといっしょに盛りつける。E.V.オリーブオイルを少々回しかけると味が一段とおいしくなる。

ITALIAN WHITES  051

## pasta {パスタ}
# 缶詰のトマトソース・ルッコラのせ

コンロが1つしかない台所でも大きめの耐熱器があれば
パスタが手軽にできます。缶詰のトマトソースはレンジで作っても
とてもおいしい。このままお客様にも出すことができるので便利です。

### ingredients

トマト缶詰……1缶（400gのもの）
オリーブオイル……大さじ1
塩……小さじ1/2
砂糖……小さじ1/2
おろしにんにく……小さじ1/4（好みで）
唐辛子……1～2本（みじん切り。好みで）
パスタ（1.6mmのもの）……240g
E.V.オリーブオイル……大さじ1～2
ルッコラ……少々
パルメザンチーズ（ペコリーノロマーノもおいしい）……適宜
黒こしょう……少々
パスタをゆでる湯と塩（水12カップに対して塩大さじ2）

### recipe

1）パスタのソースを準備する。フライパンで作ってもいいが、
耐熱器を使ってレンジで作ればとても楽。
大きめの耐熱器にトマトを入れ、フォークでつぶす。
オリーブオイル、塩、砂糖、好みでおろしにんにく、
唐辛子を入れて、レンジでふたをせずに20分加熱する。
途中15分たったら一度かき混ぜる。
朝仕込んでおけば、家に帰ってからも簡単にパスタが
食べられるので普段の料理でもおすすめ。

2）お客様がみえる前に湯は沸騰させて塩を入れておく。
パスタは表示時間より1分ほど短めにゆでる。
ソースはあえる直前に3～4分ほどレンジで温め、
E.V.オリーブオイルをソースに入れて混ぜ、
ゆでたパスタとからめる。

3）器に盛りつけたらルッコラ少々をのせ、パルメザンチーズを
ふってでき上がり。仕上げに黒こしょうをかけていただく。

**WITH** カ・ルガーテ／ソアーヴェ・クラシコ／ヴェネト州

*ca'rugate*

ソアーヴェは、辛口でさらさらしたワインというイメージですが、イタリア語・ソアーヴェは
「心地よい・甘美な」という意味。あまり冷やしすぎるとせっかくの香りがとびます。

ITALIAN WHITES 053

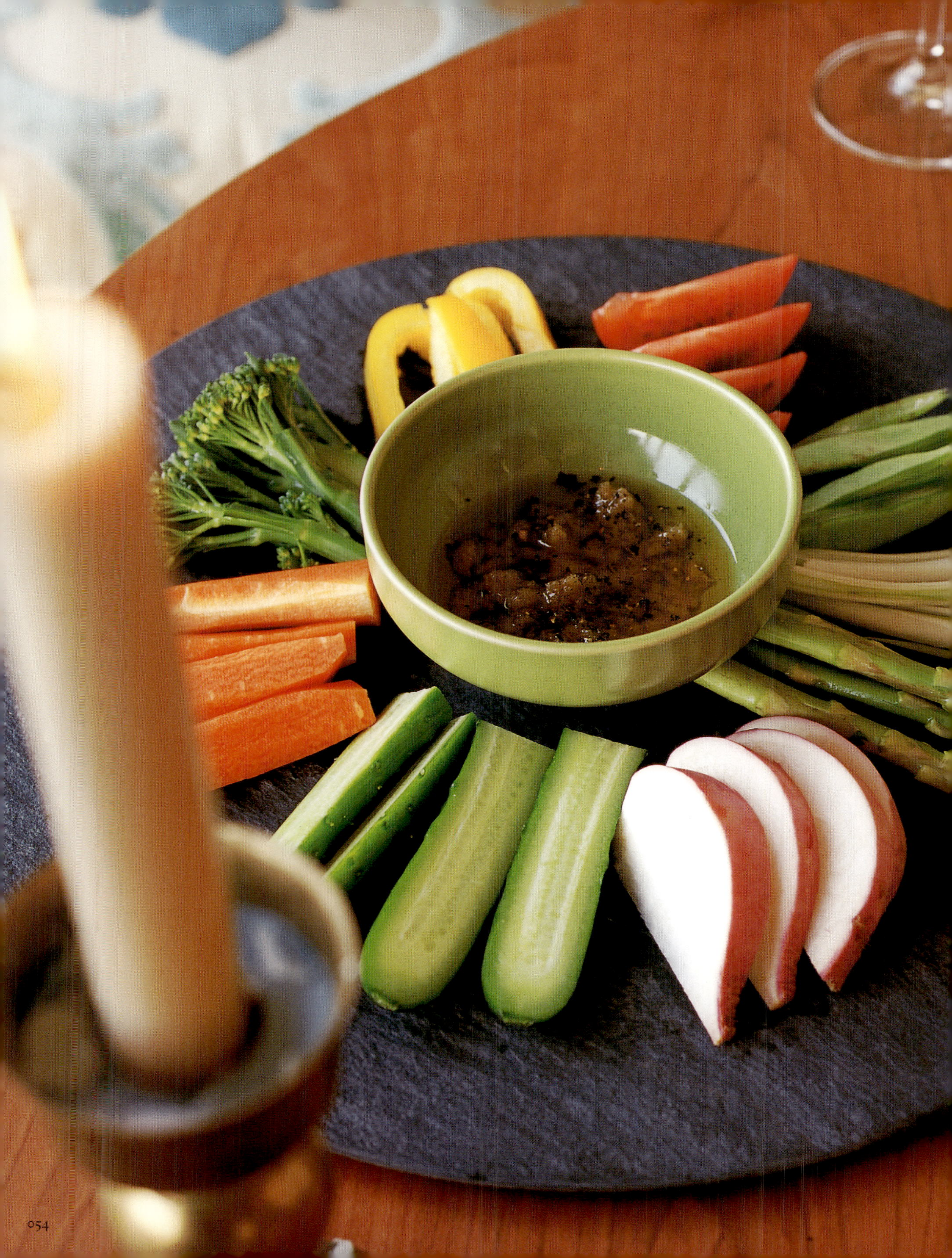

## 旬の野菜サラダ アンチョビドレッシング

*salad* {サラダ}

にんにくをたっぷり使いますが、加熱するため臭みは残らず、食べたあとも気になりません。野菜は旬のものを、また生食しないような野菜もトライしてみてください。

### ingredients

[にんにくドレッシング]
- にんにく……3かけ
- 牛乳……大さじ2
- アンチョビ……3枚
- オリーブオイル……大さじ1
- 塩……小さじ1/2
- E.V.オリーブオイル……大さじ1（上質なものがあればなおよい）

旬の野菜
- ●赤かぶ　●アスパラガス　●トマト
- ●きゅうり　●サラダブロッコリー　●モロッコいんげん
- ●にんじん　●黄ピーマン　●エシャロット　など

（すべて食べやすい大きさに切っておく）

大根、かぶ、生の春菊、ゆでた新じゃが芋なども合いますよ。

### recipe

1) マグカップに牛乳とにんにくを入れて、軽くラップをしてレンジで2分半ほど加熱する。牛乳で加熱することによりにんにくの臭みをとる。

2) 牛乳を捨て、そこにアンチョビを入れてフォークで全体をつぶす。

3) 2にオリーブオイルを入れ、ラップなしでレンジで1分加熱する。かき混ぜて塩を加え、最後にE.V.オリーブオイルを加える。好みの野菜を並べる。

このソースは、刻んだ黒オリーブといっしょにパスタにからめたり、ゆでたじゃが芋にのせたりしてもおいしい。

イタリアではこのようなサラダをピンツィモーニオといいます。野菜を大胆にただがさっと盛ってもステキです。

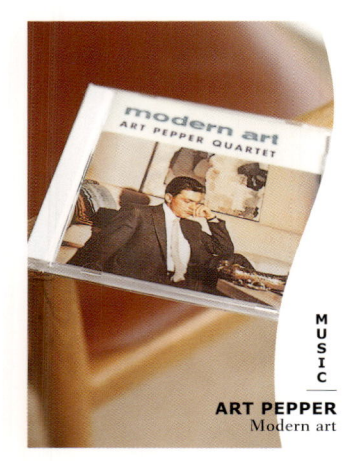

## MUSIC
### ART PEPPER
Modern art

**アート・ペッパー「モダンアート」**
アドリブ演奏で有名なサックスプレイヤー。母親はイタリア系。そのせいか、彼の自由奔放なところが魅力的です。2曲目の「魅せられて」を聴きながらイタリアワインはいかがでしょう。

## WITH
### グラン・サッソ／トレッビアーノ・ダブルッツォ／アブルッツォ州
*gran sasso*

アブルッツォ州のワインは赤白ともにコストパフォーマンスが高い。トレッビアーノ・ダブルッツォとはアブルッツォ州のトレッビアーノ種のこと。

## main dish {メイン}
# 切り身魚とえびの香草焼き

玉ねぎとパン粉、香草を混ぜてのせて焼くだけですが、とても白ワインに合い、お客様から喜ばれる一品です。旬の魚いろいろで試してみてください。

### ingredients

切り身魚……4枚
（かじきまぐろ、さば、いわし、さんま、ぶり、秋ざけなど旬のもの）
えび……4匹（縦に開く。刺身用のほたて貝柱でもよい）
魚、えび用の塩、こしょう……各適宜（ナンプラーが入るので塩焼きより少なめに）
玉ねぎ……小1個（みじん切りにしてラップに包み、レンジで4分加熱しておく）
おろしにんにく……小さじ1/2（好みで）
唐辛子……1〜2本（好みで。みじん切り）
オリーブオイル……大さじ2
ナンプラー……大さじ1
パン粉……1/4カップ
パセリまたはイタリアンパセリ……1/4カップ分（みじん切り）
あれば乾燥タイム（瓶入りでよい）……2つまみ
レモン……1/2個（4等分しておく）

### recipe

1) 魚にのせる香草ソースを作る。
加熱した玉ねぎ（甘みが出る）とにんにく、唐辛子、オリーブオイル、ナンプラー、パン粉、パセリまたはイタリアンパセリ、乾燥タイムを混ぜる。

2) 魚とえびには少なくとも焼く15分前に塩、こしょうをして冷蔵庫へ。
（臭みが抜ける。お客様が到着する直前がベスト）

3) 1の香草ソースをのせ、220度のオーブンで13〜15分ほど焼く。
トースターや魚焼き器で焼く時は、焦げないように注意。

4) レモンを絞っていただく。

ITALIAN WHITES 057

## dessert {デザート}
# りんごと松の実の簡単タルト
## グラッパ風味のアングレーズソース

タルト生地の作り方をと〜っても簡単なものにしました。男の人も簡単にできますよ。
りんごの他に洋なし、いちじくなどで作ってもおいしい。
好みでアングレーズソースを添えて。グラッパとカスタードが合います。

### ingredients（21cmのタルト型1台分）

[タルト生地]
- 薄力粉……1.5カップ（150g。うち1/3が全粒粉でもよい）
- バター……70g
- 上白糖……大さじ2
- 卵黄……1個分
- 冷水……大さじ2
- バニラエッセンス……少々

- りんご……2個（大きいものなら1個半）
- コンデンスミルク……140g
- 牛乳……大さじ2
- 薄力粉……大さじ4
- 卵……1個
- バター……30g（レンジで30秒溶かしておく）
- グラニュー糖……大さじ3（ソースを作らないなら大さじ4）
- シナモン、ナツメグ（あれば）……各少々
- 松の実……大さじ2（なくてもよい。くるみでもよい）

### recipe

●簡単タルト生地の作り方
レンジ、耐熱ボウル、ゴムべら、ビニール袋でできる簡単バージョンにしてみました。
冷凍できるのでいくつかいっしょに作っておくと便利です。

1) 耐熱ボウルにバターを入れ、レンジで50秒ほど加熱してゴムべらで混ぜる。

2) 1に砂糖を入れ、ゴムべらでサクサク合わせる。

3) 2に卵黄を入れてゴムべらで合わせる。

4) 3に薄力粉を入れ、ゴムべらですり合わせるように混ぜ、そこに冷水、バニラエッセンスを入れて、ポロポロの状態になるまで合わせる。ボウルにすりつけるようにするとよい。

5) 4をビニール袋に入れ、両手でワシッとつかんでまとめる。あまりこねずにさくっとまとめ、冷蔵庫に入れる。前日までにここまでやっておくとよい。当日なら朝のうちに。一度冷やすことによってバターが固まり、タルト生地が落ち着く。

6) 生地を冷蔵庫から出し、少々柔らかくなってきたらビニールの間に挟み、その上から麺棒でたたいてのばす。厚手ビニールに挟んだタルト生地を床の上に置いて、うどんをこねるように足で踏むと、生地の温度を上げずに素早く広げることができる。時間をかけすぎるとバターが溶け出し、生地がさくっとならない。

7) のばした生地をタルト型に入れてピタッと張りつける。縁は厚めがおいしい。余りをカットし、底をフォークで30ヵ所ほど軽く穴をあけ、さらに冷蔵庫で30分以上ねかせる。急ぐ時は冷凍庫に10分入れる。生地をひやしてバターを固め、オーブンで急激に焼き固めることで生地がだれず、縮みを防ぐことができる。

8) りんごは皮をむき、芯を取り、縦に7mmほどの薄切りにしておく。

9) ボウルにコンデンスミルク、牛乳、薄力粉、卵、溶かしバターを入れてかき混ぜる。

10) タルト生地にりんごを並べグラニュー糖をかけ、好みでシナモン、ナツメグを少々かけ、8のソースをのせて180度でまず40〜50分焼く。さらに松の実（くるみでもよい）をのせ、10分焼いてでき上がり。表面が焦げそうになったらホイルをかぶせて焼くとよい。長く焼くことで下焼きせずに底までさくさくになる。

058

**WITH　グラッパ**

*grappa*

フランスのマール同様、ぶどうの搾りかすから作るブランデー。口をさっぱりさせてくれます。エスプレッソに混ぜてもとてもおいしい。だけど飲みすぎると大変ですよ！

## グラッパ風味のアングレーズソース

ingredients

牛乳……1/2カップ
コーンスターチ……大さじ1
グラニュー糖……大さじ2
卵黄……1個分
バニラエッセンス……少々
グラッパ……大さじ1（なくてもよい）

recipe

**1)** 牛乳、コーンスターチ、グラニュー糖を耐熱器（丼でよい）に入れよくかき混ぜて、レンジで1分半加熱する。

**2)** 1に卵黄を入れ、よく混ぜたらさらに1分加熱⇒混ぜる⇒30秒加熱⇒混ぜる⇒30秒加熱を繰り返す。バニラエッセンスとグラッパは最後に混ぜる（風味を残すため加熱はしない）。粗熱が取れたら冷蔵庫でよく冷やしておく。

**3)** 切ったタルトにたっぷりかけていただく。

スパークリング
魔法の泡
The Magic of Bubbles

# S
P A

**私**が生まれて始めてシャンパンという飲み物に憧れたのは小学校4年生の時、オードリー・ヘップバーンの『ローマの休日』を観てからです。グレゴリー・ペックとサイドウォーク・カフェに座った彼女は「何を飲むかい？」と言う彼の問いに、間髪を入れずに「シャンペーン・プリーズ」と言います。そして口の広いグラスに注がれたシャンパンを楽しそうに飲むその姿を見て、「この飲み物はものすごくおいしいに違いない」子供心に強くそう思ったものです。その年のクリスマス、母はシャンメリーという子供用のシャンパンを買ってくれました。栓を開けたときのシュポンという音。プラスチックのコップに注がれた時のシュワシュワーと泡立つ不思議な光景。一口飲んだときのそのおいしさよ！　本当にこんなにステキなものをヘップバーンは気軽に注文していたのかと、彼女に対する憧れをさらに強めた出来事でした。

私が憧れ続けたシャンパンは、フランスのシャンパーニュ地方で作られたものですが、似たような製法で作られた発泡ワイン全体をスパークリングワインといいます。このスパークリングワイン、不思議な力を持つ飲み物です。同じ泡物でもビールよりはるかに華やかで、軽やか。一気に現実から非現実に逃避行させてくれます。スパークリングワインには、産地や製法によって様々な呼び名があります。例えば、フランス・シャンパーニュ以外の地方産のクレマンやヴァン・ムスー、スペイン産のカヴァ、イタリア産のスプマンテ、ドイツ産のゼクトなどです。それぞれの製法や使うぶどう品種が違っても、与えてくれる歓びはみな同じです。

**ス**パークリングには基本的にはロゼと白の2種類あって、どちらも辛口から甘口まであります。主流である白ならば以下を参考に選ぶとよいかと思います。
- 辛口が好みの方は「ブリュット」「エクストラ・ドライ」と記載されているものを選ぶ。
- 中辛が好みなら「セック」または、イタリア・ヴェネト州産のスプマンテ「プロセッコ」の辛口の中から選ぶ。
- やや甘みが口に残る辛口が好みなら「ドミ・セック」「セミ・セッコ」と記載のあるもの。
- 甘口なら、イタリア・ピエモンテ州産モスカート種のアスティ・スプマンテや微発泡のモスカート・ダスティ、またはプロセッコの甘口の中から選ぶ。

カヴァや新世界のスパークリングが身近でなかった頃、シャンパンによる泡マジックは手の届かない存在でしたが、日本のすばらしき流通のおかげで、今やコンビニでも買えるようになりました。泡がもたらす歓びを体で覚え、辛口・中辛などの違いを経験するなら、まずはカヴァやイタリアのプロセッコ、新世界のスパークリングから試されるとよいでしょう。我が家も特別な日はシャンパンですが、普段はスパークリングワインです。お酒が弱い人はフルーツジュースで割ったり、酔っ払いたくない日は炭酸で割ったりするといいでしょう。

**本**日に辛口ブリュットのスペイン産カヴァから。そして日本産ロゼワインでひと休みして、ほんのり甘口のカヴァ・セミ・セッコでメイン料理を楽しむというのはいかがでしょう？　立ち上る泡に包まれて、仲のよい友達と過ごす週末。幸せへの扉を開くのは、やはりスパークリングワインです。コルクが開いたら現実をちょっと忘れて。泡の立ち上る姿を見てぼんやり過ごす夕暮れも、体にとっては大切なひとときです。

## MENU

**appetizer** {前菜} **& sparkling**
### 3種のディップ&チップス
with ♣ フレシネ コルドンネグロ／
カヴァ・ブリュット／スペイン

**pasta** {パスタ} **& rose**
### 渡りがにのトマトクリームソース
with シャトー・メルシャン ジェイ・フィーヌ／
ロゼ／日本

**salad** {サラダ}
### マッシュルームと
### グリーン、チーズのサラダ

**main dish** {メイン} **& sparkling**
### スパークリングワイン風味のフリット
with ♣ モンサラ／カヴァ・セミ・セッコ／スペイン

**dessert** {デザート} **& white**
### 焼きたてマドレーヌ
with トカイ ソモロドニ・スィート／
デザートワイン／ハンガリー

### 準備すること

[前日]
- マドレーヌの生地を作って
  冷蔵庫に入れておく（当日でもよい）。

[当日]
- 前菜のディップ3種類を作って
  冷蔵庫に入れておく。
- パスタのソースを作り、湯を沸かして
  塩を入れておく。
- サラダのグリーンを洗って冷蔵庫に、
  マッシュルームは石づきをきれいにしておく。
- フリットの材料の下ごしらえをして、
  冷蔵庫に入れておく。粉はボウルに
  スタンバイ。油も鍋に入れておく。
- 使う器を出して、
  テーブルセッティングをしておく。

MUSIC

**CHET BAKER**
Sings and plays

チェット・ベイカー
「シングス&プレイズ」
甘い歌声、そして流れるようなトランペット。スパークリングを飲みながら聞いていると、あまりもの心地よさにどこか遠くにきたような気分になります。他には「シングス」もおすすめ。

WITH

フレシネ コルドンネグロ／カヴァ・ブリュット／スペイン

freixenet cordon negro

コンビニで手に入るコストパフォーマンスの高いカヴァ。さっぱりした辛口で和食にも合います。同じくフレシネの「カルタ・ネバダ」はデザートやフルーツにも合うほんのり甘口です。

appetizer {前菜}
# 3種のディップ&チップス

お客様がばらばらに集まる時ディップは便利。お酒をサーブしたら「ゆっくりどうぞ」と一言。せかせか全てのコースを食べていただくより、待ち時間を優雅に過ごしたいものです。ホストはいつもゆったりと。自分が落ち着かなければ、まわりの人も落ち着きません。

### ingredients

● ひよこ豆のディップ
- ひよこ豆（水煮缶）……1カップ分
- すりごま……大さじ1
- レモン汁……大さじ1
- E.V.オリーブオイル……大さじ1
- 水……大さじ1
- 砂糖……小さじ1/2
- 塩（すでに豆に塩味がついているので、味見して調整、缶詰なら1つまみ程度でよい）
- ●チリペッパー、グランマサラなどがあれば、好みで加えてもよい。

● スモークサーモンのディップ
- スモークサーモン……50g
- クリームチーズ……40g（レンジで1分加熱して柔らかくしておく）
- 生クリーム……大さじ3
- マヨネーズ……大さじ1
- レモン汁……小さじ1

● アボカドのディップ
- アボカド……1/2個（皮をむいて種を取る）
- レモン汁……大さじ1
- かためのトマト……1/4カップ分（細かい角切り）
- 玉ねぎ……1/4カップ分（細かい角切り。水に15分以上さらしておく）
- おろしにんにく（好みで）……ほんの少し
- 塩……小さじ1/2

チップ（フランスパン、クラッカー、ポテトチップなど）……適宜

### recipe

**1)** ひよこ豆のディップとスモークサーモンのディップは、それぞれミキサーかフードプロセッサーで撹拌するか、すり鉢でつぶして塩味の調整をする。ひよこ豆を撹拌⇒ミキサーを洗う⇒サーモンを撹拌の順番がいいでしょう。

**2)** アボカドのディップは、ボウルにアボカドを入れフォークで細かくつぶし（かたいようなら少しレンジにかけて柔らかくする）、残りの材料を入れて混ぜる。

**3)** フランスパンは薄く切って、オリーブオイル少々をたらしてトースターで焼く。好みのチップやクラッカーも添える。

SPARKLING 063

## pasta {パスタ}
# 渡りがにの<br>トマトクリームソース

渡りがにはお手頃価格で手に入るのですが、パーティーで出すと、みな「おー」と驚いてくれます。もし手に入らなければほたて貝柱やむきえびでトライしてみてください。クリームソースにはフェットチーネ、リングイーネ、1.9mmのスパゲティなど太めのパスタが合います。

## WITH
シャトー・メルシャン ジェイ・フィーヌ／ロゼ／日本

*château mercian*

辛口のロゼ。洋食だけでなく、和食や鍋、中華、タイ料理にも合います。キリッと。冬は少し室温に戻してまったりと。これからは日本のワインも楽しみです。夏は冷やして

### ingredients

渡りがに……2杯分ほど
（かにみその部分が入るとおいしいが、身だけでよい。少量でも味に
深みが出るので手に入れやすい1パック分を購入するとよい。1杯でも十分）

トマト缶詰……1缶（400gのもの）

塩……小さじ1/2

砂糖……小さじ1/2

かにを炒めるためのオリーブオイル……大さじ1

にんにく……1かけ（薄切り）

好みで唐辛子……少々

白ワインかスパークリングワイン、またはロゼ……1/4カップ分

生クリーム……1/4カップ

バター……10g

フェトチーネ……200g（または太めのスパゲティなど）

仕上げのE.V.オリーブオイル……少々

こしょう……少々

あればバジルの葉（パセリでも青じそでもよい）

好みでパルメザンチーズ……少々

パスタをゆでる湯と塩（水12カップに対して塩大さじ2）

### recipe

1) お客様がみえる前に湯は沸騰させて塩を入れておく。

2) 渡りがには洗って掃除し、甲羅からみそを取り出し、
身の部分ははさみで食べやすく切っておく。
すでに細かく切ってあるかにを買ってくると便利。

3) パスタのソースを準備する。耐熱器を使って
レンジで作れば簡単。大きめの耐熱器にトマトを入れ、
フォークでトマトをつぶし、塩と砂糖を入れる。
レンジでラップをせずに20分加熱する。
焦がさないよう、15分くらいしたら一度かき混ぜる。

4) パスタは表示時間より1分ほど短めにゆでる。

5) ゆでている間にソースを完成させる。
フライパンにオリーブオイル、にんにく、唐辛子を入れ
中火で少々炒めて風味を出す。かにを入れ、表面が
オレンジ色になったら、白ワインかスパークリングワイン、または
ロゼを入れてふたをして、弱火で3分煮てかにに火を通す。
（なれないうちは前日に作っておき、ソースをレンジで温めて、
ゆで上がったパスタをあえるだけにしておくとよい）

6) 火が通ったら3のトマトソースを入れて温め、
生クリーム、バターも入れてさらに温めて4のパスタとからめる。
生クリームは火を入れすぎるとソースがかたくなるので
軽く火を通す感じ。

7) 仕上げのE.V.オリーブオイルをかけてこしょうをふり、
パルメザンチーズをかけ、バジルをのせてでき上がり。

---

🍷 salad {サラダ}

# マッシュルームと
# グリーン、チーズのサラダ

**チ**ーズは好みのものでいいです。今日は大好きな
ペコリーノにしました。マッシュルームとチーズは合います。
ワインにもとても合うサラダです。

### ingredients

[ドレッシング]
 レモン汁……大さじ1
 E.V.オリーブオイル……大さじ1
 塩……小さじ1/4

マッシュルーム……1パック
（石突きを取ってペーパータオルでふいておく）

ペコリーノロマーノチーズ……適宜
（ピーラーで削る。パルメザンチーズでもよい）

ミックスグリーン……2カップ分
（スーパーでミックスされているものでもよいし、サラダほうれんそうや
柔らかい春菊、ルッコラ、クレソンなどを混ぜてもよい。
洗って水けをきり、冷蔵庫に入れておく）

こしょう……少々

仕上げのE.V.オリーブオイル……少々

### recipe

1) ドレッシングはお客様がみえる前にボウルに合わせて
キッチンに置いておく。

2) 食べる直前にマッシュルームを薄切りにする。
冷蔵庫のグリーンをドレッシングでさっとあえて器に
盛りつけたら、残りのドレッシングにマッシュルームをからめて
グリーンにのせる。チーズ、こしょう、そして少したっぷりめに
E.V.オリーブオイルをかけたらでき上がり。

SPARKLING 065

## main dish {メイン}
# スパークリングワイン風味のフリット

料理とワインを合わせる簡単なコツは、飲むワインで料理を作ること。これで互いにまじわる部分ができるからです。本日は衣をスパークリングで作ってみましたが、ビールでも風味が出ます。フリットには天ぷら粉を使うと素人も失敗しません。

### ingredients

季節の野菜や魚など、好みのもの
　たらの芽、ふきのとう、わらび、空豆、
　むきあさり、いか、きすなど……各少しずつ
天ぷら粉……1カップ
冷たいスパークリングワインまたはビール……1カップ
塩（できれば岩塩がおいしい）……適宜
レモン……少々
ゆずごしょう（好みで）……少々
揚げ油……適宜（オリーブオイルも風味がいい）
●他にかぼちゃ、れんこん、アスパラガス、青じそ、あなご、竹の子、しいたけ、まつたけ、稚あゆ、わかさぎなど、天ぷら種なら何でも合います。

### recipe

1) 野菜、魚の下処理はすべて済ませて冷蔵庫に入れておく。

2) ボウルに天ぷら粉を入れ、スパークリングワインかビールと合わせて衣を作り、冷蔵庫で冷やしておく。

3) フライパンか鍋に揚げ油を入れ、コンロの上にスタンバイしておく。揚げる前に熱する。高温になったら火を中火にし、衣を落として温度をみる。

4) 種に塩を少々ふって、衣をつけて、つぎつぎ揚げていく。最初はシャワシャワーという音だが、でき上がってくると高音のプチプチという音になる。軽い音と、ほどよい色合いで揚げ具合を判断。種が小さければ、すぐに揚がるのでほとんど失敗することはない。パーティーの時は1種類ずつ揚げて、お客様に運んでもらうとよい。

5) 塩、レモン、また好みでゆずごしょうなどをつけていただく。

揚げ物を作るときは、絶対に火のそばを離れないようにしましょう。もし緊張そうなら、お客様がみえる前に揚げておき、トースターで温めてもよいのです。私は揚げ物をするときは、必ずタイマーを10分にセットし、ピピッと鳴ったら、火を止めてあるか確認します。とにかく安全第一です。タイマーはぜひ備えてください。

**WITH**
モンサラ／カヴァ・セミ・セッコ／スペイン
montsarra

ブリュット（辛口）もおいしいですが、少し甘みが加わると、味に深みが生まれます。ビールが揚げ物に合うように、スパークリングも揚げ物に合います。食前酒としてもセミ・セッコはおすすめ。

SPARKLING 067

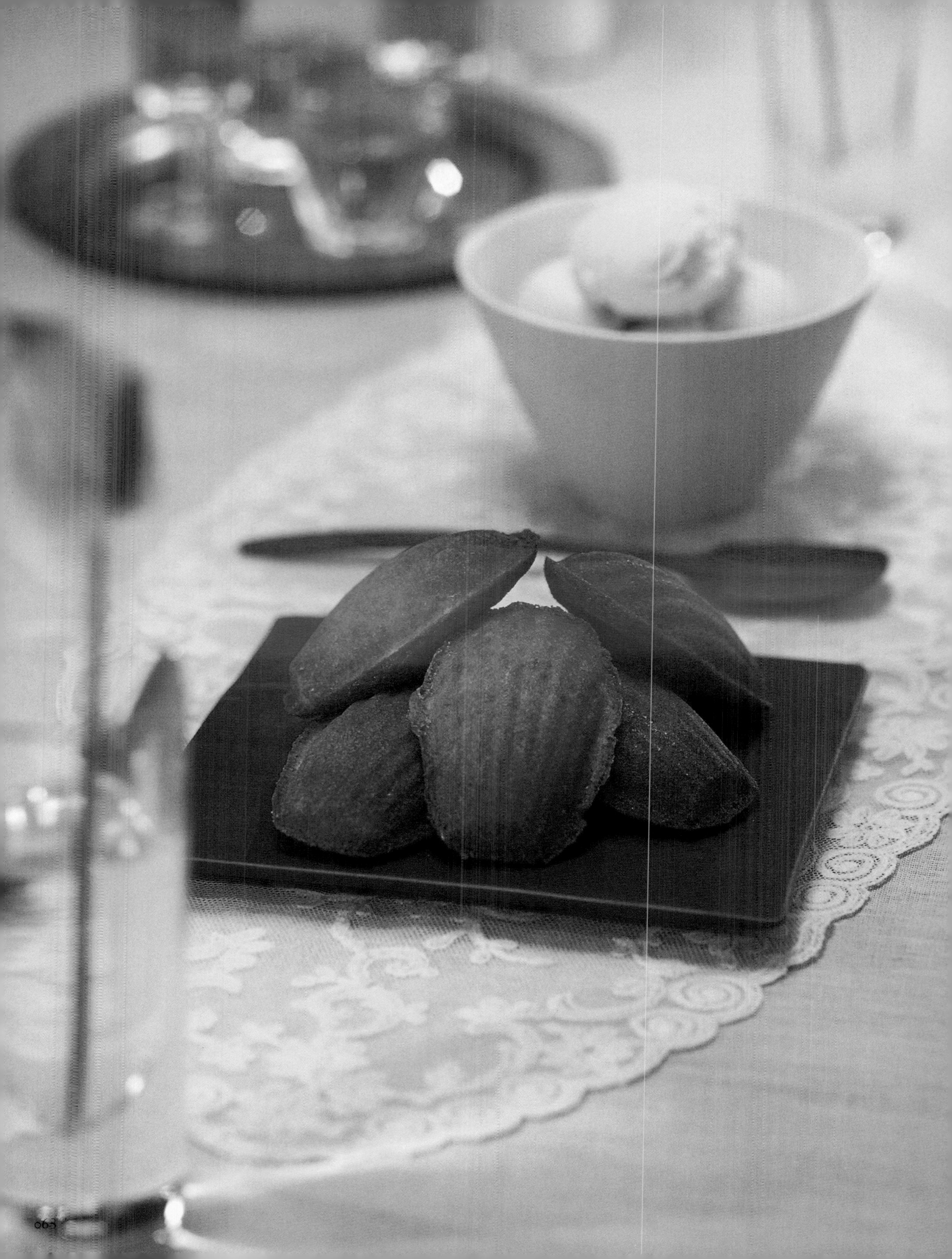

## dessert {デザート}

# 焼きたてマドレーヌ

電子レンジで下ごしらえすれば、びっくりするほど簡単。
みんなが感動してくれます。焼き始めるタイミングは、
メインを食べ終わった直後。ぜひアツアツをサーブしてみて!

### ingredients（普通のマドレーヌ型8個分・貝型12個分）

バター……100g（1/2箱。普通のバターでよい）
型に塗るバター……適宜
卵……2個
グラニュー糖……100g
はちみつ……小さじ1
薄力粉……1/2カップ
アーモンドパウダー……1/2カップ（製菓用50g入り1袋）
ベーキングパウダー……小さじ1/2
バニラエッセンス……少々

### recipe

**1)** マグカップにバターを入れ、電子レンジで1分加熱して
溶かす。焼き型にバターをたっぷり塗る。
テフロン加工の型ならなお取り出しやすい。

**2)** 大きめのボウルに卵を入れ、泡立て器で混ぜたら
グラニュー糖を少しずつ入れさらによく混ぜる。
5分間混ぜる間に少しずつグラニュー糖を入れていくと、
少し白くなる。最後にはちみつ、**1**の溶かしバターを入れる。

**3)** **2**にアーモンドパウダー、薄力粉と
ベーキングパウダーを入れ、きちんとよく混ぜる。
●スポンジケーキと違って練るように混ぜておかないと、大きく膨らんでしまう。

**4)** バニラエッセンスを入れ、型に流し入れる。

**5)** 冷蔵庫で最低30分以上ねかしてから焼く。
生地の表面が乾燥することでプーっといい具合に
真ん中が膨らむのでラップはしない。
ここまでを前日にやっておいてもよい。

**6)** 190度のオーブンで12〜13分焼く。バニラアイスクリーム、
はちみつ風味のデザートワインといっしょにどうぞ。

---

**WITH**
トカイ ソモロドニ・スィート／デザートワイン／ハンガリー
*tokai*

ハンガリーのトカイ地方では甘口ワインが多く作られていますが、こちらはさっぱりした辛口。トカイのドライ（辛口）なら和食にも合います。手頃な値段で楽しめるワインです。

070

*Enjoy your life!*
ENJOY YOUR LIFE WITH WINE!

071

**カ**ベルネ・ソーヴィニョンは世界的に人気の高い、威厳ある赤ワインの女王のような品種。ブルーベリーや巨峰の皮を口のなかでずっとクチュクチュさせたような渋み、ほのかな酸味、レーズンのような深みが特徴で、色も濃く、味も重みがあります。私にとっては、よいカベルネは溶かした絵の具のような、また枯れ葉の混ざった土を掘り返した時のような、時間を超えてどこかに連れていってくれそうな懐かしい香りがする気がします。ワインを飲み始めた頃はあまり好きになれなかった品種ですが、飲み続けるうちにどんどん好きになりました。

**カ**ベルネ・ソーヴィニョンといえばフランスのボルドー地方メドック地区が有名ですが、私が最初にそのすばらしさに触れたのは、カリフォルニアにいた頃住んでいた家の近所のナパでした。カベルネ好きの友人ナディーンが、よくワイナリー巡りに連れていってくれ、いろんな有名ワイナリーに彼女の知り合いがいたので、普通は試飲させてもらえない上質のカベルネを飲ませてもらえました。「これはミントの香りよ。これはいちご。これはブラックペッパー。これはチョコレート。これはオーク樽」全くわからない私は最初フーン、フーンの繰り返しでしたがスタッグス・リープというワイナリーで「ん？ これは何だかおいしい！」そう思った確実な一瞬というのがありました。それはまるで急に自転車に乗ることができたような感じで、突然渋くて重い飲み物がおいしく感じられるようになったのです。彼女に「おいしく感じる」とつぶやくと、「そうよ、やっとそう思えた？ ワインは慣れ親しんではじめておいしいと思える味（acquired taste）なのよ」と教えてくれました。彼女いわく、おもしろいものは全てacquired tasteなんだそうです。ワインも、料理も、音楽も、演劇も、そして男も、最初からおいしいとかおもしろいものはそれ以上でも以下でもない。でも慣れ親しむうちにいろいろ感じられ始めるものには引き出しがいっぱいあって、長い間にわたって楽しめるのだと。ワインを飲み始めて20年。やっと私も彼女の言ったことがわかるような気がしてきました。カベルネ・ソーヴィニョンのボトルには、いく重にもヴェールがかかっていて、剥いでも剥いでも新たなヴェールを発見するようなおもしろみがあるような気がします。

ボルドーのおいしいカベルネを飲もうと思ったら少々お金がかかりますが、チリやアルゼンチン、オーストラリア、南アフリカ、そしてカリフォルニアなどから入っていけば、リーズナブルでおいしいボトルに出合えます。カベルネ品種単体のものだけでなく、メルロー、サンジョベーゼ、シラー、テンプラニーリョなどとブレンドされているものにも、違ったおもしろさがあります。料理を合わせるなら、私ならシンプルなものをおすすめします。ラムやサーロインステーキ、鴨などをさっと塩、こしょうしてグリルしたものなど最高です。肉の脂と火が、タンニン特有の渋みと相性がいいような気がします。炭火で焼けば、なおのこと風味が増します。ワインが複雑なぶん料理はシンプルに。人間の相性だって似たようなものかもしれません。

# カベルネ・ソーヴィニョン 威厳の赤

The Dignified Red

# CABERNET

**さ**て本日のメイン。カリフォルニアのカベルネとラムのグリルなんていかがでしょう？ ワインコルクはお客様がみえる前から開けておいてもいいくらい。数時間たって、はじめて本当の個性を見せ始めます。じっくりゆっくり。ヴェールを剥がしながらお付き合いを。

# SAUVIGNON

CABERNET SAUVIGNON 073

| **appetizer** {前菜} & sparkling
**白身魚の昆布じめカルパッチョ**
with サンテロ ピノ・シャルドネ／
スプマンテ／イタリア・ピエモンテ州

| **salad** {サラダ}
**かぶとラディッシュ、
ルッコラのサラダ**

| **pasta** {パスタ} & white
**バジルクリームソースのペンネ**
with ジオグラフィコ／ヴェルナッチャ・ディ・
サンジミニャーノ／イタリア・トスカーナ州

| **main dish** {メイン} & red
**ラムの魚焼き器焼き
なすとピーマンのラタトゥイユ風添え**
with ♣フェッツァー オーガニック／
カベルネ・ソーヴィニヨン／カリフォルニア

| **dessert** {デザート}
**パンナコッタ**

MENU

## 準備すること
[当日]
- メインのつけ合わせの**ラタトゥイユ**を作って冷ます。前日作っておいてもよい。
- **白身魚の昆布じめ**は2時間前までに作っておく。
- お客様がみえる1時間前には**パンナコッタ**を作って冷やして固めておく。
- **バジルクリームソース**も作っておく。これはストック素材なので前日でも1週間前でもよい。
- **サラダ**を用意し、必ず冷蔵庫で冷やしてパリッとさせておく。
- **パスタ**用の湯に塩を入れコンロに用意しておき、ソースもボウルにスタンバイ。
- 使う器を選んでテーブルセッティングをしておく。
- お客様がみえる直前に**デザート**のいちごに砂糖をまぶしておく。
- お客様がみえたら、**ラム**を冷蔵庫から出しておく。

## 白身魚の昆布じめカルパッチョ
*appetizer*【前菜】

WITH
サンテロ ピノ・シャルドネ/スプマンテ/
イタリア・ピエモンテ州

santero

ピエモンテ産スプマンテというと甘口というイメージがあるかもしれませんが、ピノ・ブランとシャルドネを合わせたこちらはキリッとした辛口に、ほんのり甘みを感じるくらい。和食にもおすすめです。ハーフボトルもあるので、2〜3人の時に飲みやすいですよ。

今回はたいで作りましたが、ひらめ、こち、刺身用貝柱などもおすすめ。昆布で挟むことにより旨みが増し、魚臭さはなくなります。長い時間たつと水分は抜けますがそのぶん、燻製のようになって別の楽しみ方ができます。急ぐ時は薄切りしてあるものをしめるといいでしょう。

### ingredients
- たいなどの刺身用切り身……150〜200g
- 昆布……15cm（魚の長さ）……2枚
- 塩……小さじ1/4ほど
- ゆずこしょう……小さじ1/2
- E.V.オリーブオイル……大さじ2
- すだち……1個（4等分にしておく）
- あれば青じそ、ピンクペッパーなど彩りに

### recipe
1) 昆布にさっと水でぬらし、しばらくおいてのびてきたらペーパータオルでふく。
2) 魚は両面に塩をパラパラふっておく。
3) のばした昆布に魚をのせ、挟んでからラップにくるみ、冷蔵庫に入れておく。和食でしょうゆをつけていただくなら30分くらいでいただけますが、このようにオリーブオイルでなら最低2時間以上たってからのほうがおいしい。
4) お客様がみえる前に刺身を薄く切って器に盛りつけ、ラップをかけておく。出す時に、刺身の上にゆずこしょう、青じそ、ピンクペッパー、E.V.オリーブオイルをかけ、すだちを添える。

## pasta {パスタ}

# バジルクリームソースのペンネ

バジルソースに生クリームを混ぜました。クリームを加えるとイタリアワインだけでなくソーヴィニョン・ブラン、またあっさりしたシャルドネにも合います。リガトーニやファルファッレなどのパスタもおすすめ。

### ingredients

- バジルソース（作り方右段参照）……大さじ5
- 生クリーム……1/4カップ
- パスタ（ペンネやフェトチーネ、リガトーニなど）……200g
- パスタをゆでる水と塩（水12カップに対して塩大さじ2）
- 仕上げのパルミジャーノチーズまたはペコリーノロマーノ……少々
- 塩、こしょう……各少々
- E.V.オリーブオイル……適宜

[バジルソース]（ストック用に多めの量）

- バジルの葉……2カップ分
- 松の実……1/4カップ
- アーモンドパウダー……1/4カップ
- オリーブオイル……1カップ
- 塩……小さじ1/2
- パルミジャーノチーズまたはペコリーノロマーノ……50gほど
- おろしにんにく……1/2かけ分（好みで）

以上をミキサーにかけ、攪拌する。冷蔵庫で3週間近くもちます。他にトーストにのせたり、ゆでたじゃが芋とからめてどうぞ。

### recipe

1) お客様がみえる前に、大きめのボウルにバジルソース、生クリームを入れ、スタンバイしておく。

2) 沸騰した湯に塩を入れ、ペンネは表示時間どおりにゆでる。

3) パスタがゆで上がったら1のボウルであえ、塩味の調整をして器に盛る。仕上げにパルミジャーノチーズをパスタの上ですりおろし、E.V.オリーブオイルとこしょうをふる。

## かぶとラディッシュ、ルッコラのサラダ

*salad* {サラダ}

**WITH**
ジオグラフィコ ヴェルナッチャ・ディ・サンジミニャーノ／イタリア・トスカーナ州

イタリアのトスカーナ州、サンジミニャーノ村のワイン。ヴェルナッチャとはいえませんが、イタリア白のなかでの代表的品種で作られています。個人的には大好きです。中世のままの「塔の街」に行って、ゆっくりヴェルナッチャを飲みたいなぁ。ジオグラフィコのキャンティもおすすめ。

かぶは大きく切ることがポイント。秋口には特においしくなります。大きなかぶや赤かぶなどがあったら、ぜひ作ってみましょう。それぞれまったく違う味が楽しめます。

### ingredients

かぶ……普通の白いかぶなら3個
（皮を厚めにむいて6等分する）
ラディッシュ……6個（半分に切っておく）
ルッコラ……1袋（洗って水をきっておく）
塩（できれば岩塩がおいしい）……小さじ1/3
かぶに直接ふる塩……少々
E.V.オリーブオイル……大さじ2
レモン汁……1/4個分

### recipe

**1）** かぶとラディッシュ、ルッコラは切ってから水をはったボウルに入れて、水分を含ませる。野菜も花と同じようにシャキッとします。水を切って軽くふいたらボウルに入れ、ペーパータオルをかぶせて（水分で凍ってしまうのを防ぐ）ラップをしておく。

**2）** 食卓に出す直前にボウルに入れたE.V.オリーブオイルと塩で、かぶとルッコラをあえる。

**3）** 器に盛りつけたら上からレモン汁少々をたらす。かぶを味見してみて、塩けを調整してでき上がり。

●最初から塩をするとかぶがしんなりしてしまうので直前がよい。レモンのかわりに白ワインビネガーをふりかけても酸味がきいておいしい。

## main dish 【メイン】
## ラムの魚焼き器焼き
## なすとピーマンの
## ラタトゥイユ風添え

MUSIC

**MILES DAVIS**
Someday my prince will come

マイルス・デイビス
「サムデイ・マイ・
プリンス・ウィル・カム」

ディズニーのアニメ「白雪姫」の
テーマソングも、マイルスが演奏すると
こんなにしっとり、かっこよくなって
しまうのか！　とびっくりしてしまいます。
「カインド・オブ・ブルー」もいいけど、
これは本当に明るい気分になる。
マイルスとカベルネは、その深さが
合うような気がします。

**WITH**

フェッツァー　オーガニック／カベルネ・ソーヴィニヨン／カリフォルニア

カリフォルニアの大手・フェッツァー社のワイン。
ここで紹介したオーガニック・シリーズの他に
手頃な価格帯のベルアーバー・シリーズ（P141参照）、
ワンランク上のボンテッラ・シリーズがあります。
カリフォルニアワインは開けてすぐでも
飲みやすいので初心者におすすめ。
まず2,000円以下を試して、好きになったら
もうちょっと上のランクにといろいろトライしてください。
カリフォルニアワインも奥が深いですよ。

fetzer

CABERNET SAUVIGNON 079

## main dish {メイン}
# ラムの魚焼き器焼き
# なすとピーマンの
# ラタトゥイユ風添え

ラムを魚焼き器で焼いたところ、これ以上おいしいものはない!!
とびっくりしました。ラムチョップもおいしいですが、メルローや
ピノ・ノワールなどに合わせるなら厚めの肩ロースもおすすめ。

### ingredients
ラムチョップ……1人1〜2本ずつ
塩……適宜
（焼く直前に1本に対して小さじ1/3ほどを両面にパラパラかけておく）
こしょう……適宜
あればローズマリー（風味づけに）……少々

### recipe
1) 魚焼き器は熱々に熱しておく。
受け皿にはホイルを敷いておくと後始末が簡単。

2) ラムチョップは塩、こしょうをして、トングを使って
魚焼き器に並べる。6本くらいはいっぺんに焼ける。

3) 厚さによって違うが、基準として強火で表3分半〜4分、
裏1分〜1分半で焼く。両面を平均的に焼くより、表で焼き上げ、
裏は軽くあぶる程度がおいしい。
あればローズマリーをラムの裏を焼く時にのせると風味がよい。

●ぜひ、タイマーを使いましょう。おしゃべりしていて
忘れたら悲惨です。私は何度も焦げたラムを食べました。

## なすとピーマンのラタトゥイユ風

普通のラタトゥイユのようにクタクタに煮るのではなく、
20分たって混ぜる以外はさわらないこと。こうすることでトマトも
なすも形を残し、素材の味を際立たせることができます。
冷やしたほうがだんぜんおいしい。

### ingredients
トマト缶……1缶（400gのもの）
なす……3本（2cm厚さの輪切り）
ピーマン……3個（種を取って手でちぎると味がしみる。4等分にしておく）
にんにく……1かけ（薄切り）
塩……小さじ1
白ワインビネガー……大さじ1（またはレモン。なくてもいい）
砂糖……小さじ1/2
あれば乾燥ローズマリーの葉……3枚
（小さいのを3枚。それ以上は匂いがきつくなる）

### recipe
1) 材料表の順に鍋に入れ、トマトは形が残るように
一番上にのせる。

2) 火にかけ沸騰したら、ふたをしてごくごく弱火で20分煮る。
野菜から水分がで出るのでやさしく揺するくらい。
20分後、スプーンで上下にゆっくり3回ほど混ぜて、さらに5分
煮たらでき上がり。さめたら盛りつける器に入れて冷蔵庫へ。

生クリームは200cc＝1カップで売っています。
バジルクリームソースを作るのに生クリームを1/4カップ
使ったので、残りでデザートを作ってみましょう。
ラム酒を入れているのでお酒好きの方にも受けがいいです。

### ingredients

- 温め用牛乳……1/2カップ
- グラニュー糖……大さじ3
- ゼラチン……3g……1枚1.5gのもの2枚（水で戻す）
- 冷たい牛乳……1/4カップ
- 生クリーム……3/4カップ
- ホワイトラム酒……大さじ1（なくてもいい）
- バニラエッセンス……少々
- いちご……10粒
- いちごにかけるグラニュー糖……大さじ1
- あればミント……少々

## パンナコッタ 〔dessert デザート〕

### recipe

1) 耐熱タッパーまたは器に温め用牛乳を入れ、電子レンジで1分半加熱する。

2) 1にグラニュー糖を入れてスプーンで溶かし、戻したゼラチンも入れて溶かす。

3) 2に冷たい牛乳、生クリーム、ラム酒、バニラエッセンスを入れ、容器に入れて固める。

4) いちごは洗ってへたを取りグラニュー糖をかけて冷蔵庫に入れておく。これはお客様がみえる直前にしたほうがジュースが出すぎない。甘いいちごならばそのままでもよい。

5) ガラスに直接入れるなら盛りつける必要はないが、プリン型などで固めた場合は、竹ぐしでまわりをくるっとはずし、型を逆さにひっくり返す。湯につけてこの作業を行うとパンナコッタが溶けてしまうのでおすすめしない。

6) パンナコッタの上にいちごを散らし、あればミントをのせる。甘くてクリーミーなパンナコッタには、エスプレッソか濃いコーヒーをどうぞ。エスプレッソやコーヒーの準備も、事前にしておくと便利です。

# メルロー 優しさの赤
## The Gentle Red

**偉**大な赤ワインの品種というと、まず、カベルネ・ソーヴィニョン、ピノ・ノワール、イタリアのネッビオーロなどが一般的に挙げられますが、例えば古き良き日本人的価値観（「和をもって貴とす＝他とつながり、調和することを善とする」）から見ると、中庸を得た優しいメルローも、隠れた偉大なる品種ではないだろうかと、私は思います。

メルローはフランスのボルドー地方サンテミリオン、ポムロール地区に代表される品種でカベルネ・ソーヴィニョンともよくブレンドされる姉妹のような存在です。単体ではカベルネほどのタンニンも、ピノ・ノワールほどの酸味も、ネッビオーロのような強さもありません。したがって個性がないということで「偉大」というレッテルを貼られることのない品種ですが、もし偉大の定義が、万人を心地よい気分にさせてくれ、他の良さも引き出すというものだとしたら、このメルローこそあてはまる気がします。人間も同じですが、リーダーだけで社会は成り立ちません。裏に隠れる、控えめだけど絶対不可欠な存在がリーダーを支えてくれます。また、個性あふれるリーダーも、時とともに丸くなるのと同じで、メルローにはカベルネが熟成されたようなふくよかさがあります。ある時、ボルドー地方のポイヤックの有名シャトーの年代物を飲み、続いて15年も若いカリフォルニア産メルローを飲んだことがありましたが、不思議と似通ったものを感じたものでした。

**重**いカベルネ・ソーヴィニョンはまだ苦手だという人には、メルローから、あるいはメルローがブレンドされたワインから入ってみることをおすすめします。良質のメルローは柔らかく、丸みがあり、適度な甘さ、フルーティーさとタンニンを感じます。お料理にしても赤身の牛ステーキからシチュー、焼き肉、豚肉、焼き鳥、ピザからパスタまで、何にでも合わせやすい品種のひとつかもしれません。もともと熟成が早く、リーズナブルといえる品種ですが、もし初めて買ってみるなら、コストパフォーマンスのよいチリのものから入り、続いてカリフォルニア、オーストラリア、そして少しお金をかけたくなったらフランス・ボルドー地方のサンテミリオン・ポムロールやイタリアのスーパー・タスカン（トスカーナ州で格付けや伝統にこだわらず、おいしさを求めて造られたワイン）などの中から、メルローがブレンドされたボトルにトライされてみることをおすすめします。ワインにしても料理にしても、まず手に届く価格帯からトライして、それからステップアップをしていくと、長くたくさんのことを学べるような気がします。「ワインは3,000円以上」とか「料理は素材が命」と言う人もいますが、それでは高いお金をかけなくてはならず、山の入り口で立ち入り拒否されるようなものです。まずは小額の投資でトライしてみて、入り口で少し楽しさを味わう。そして一歩ずつ高く登っていけたらステキです。最初から頂上をめざすと高い山にはなかなか登れませんが、一歩一歩足元を見ることに集中すると、いつの間にか登ることができるような気がします。

**本**日のメインは、コンビニで買えるチリのメルローと、牛のすね肉で作る煮込み料理なんていかがでしょう？ 材料費は安くても、心から楽しめる豊かな時間を持てたとしたら、それは値段をつけられない贅沢なひとときです。

RLOT

### appetizer {前菜} & sparkling
**じゃが芋のピュレ  
コンソメゼリーのせ**
*with* セグラ・ヴューダス ブリュット・レゼルバ／
ナヴァ／スペイン

### pasta {パスタ} & white
**ピリ辛ポルチーニ茸のパスタ**
*with* ファルネーゼ／サンジョベーゼ／
イタリア・アブルッツォ州

### salad {サラダ}
**玉ねぎと皮むきトマトのサラダ**

### main dish {メイン} & red
**MOMの牛煮込み**
*with* ♣ サンライズ／メルロー／チリ

### dessert {デザート} & red
**チョコレートトリュフと
チーズ3種盛り**
*with* ルビーポート／ポルトガル

## MENU

### 準備すること

[前日]
- チョコレートのトリュフを作っておく（当日でもよい）。
- 牛の煮込みを作っておく（3日前から可）。
- ピュレ用のコンソメも作って冷蔵庫に冷やしておく。

[当日]
- じゃが芋のピュレを作る（味が落ち着くよう早めに作りたい。前日でも可）。
- 玉ねぎと皮むきトマトのサラダを作って
  冷蔵庫に冷やしておく（前日でも可）。
- パスタ用の湯に塩を入れコンロに用意しておき、
  ソースも耐熱ボウルにスタンバイしておく。
- 使う器を選んでテーブルセッティングをしておく。

appetizer {前菜}

# じゃが芋のピュレ コンソメゼリーのせ

冷蔵庫に器ごと入れておき、みんなが集まったら出すだけのムースやピュレ、カルパッチョなどの前菜はとても便利です。じゃが芋のかわりにかぼちゃのピュレでもおいしい。

## ingredients

[コンソメゼリー]
- 肉をゆでてこした残り汁(p91参照)……300cc分
  (かわりに水300ccとコンソメ1個でもよい)
- 板ゼラチン……3g (15gのもの2枚)
- 塩……少々
- 砂糖……小さじ1/2

- じゃが芋……2個 (300g。ラップに包んでレンジで7分加熱)
- 牛乳……3/4カップ
- 砂糖……小さじ1
- 中華スープの素……小さじ1/6 (スプーンの先にほんの少し)
- 塩……小さじ1/2
- 生クリーム……1/4カップ
- オリーブオイル……小さじ1
- トマト……1個
  (小さいさいの目切り。塩小さじ1/4と砂糖小さじ1/4をかけておく)
- きゅうり……1/2本 (小さいさいの目切り。塩小さじ1/4をかけておく)
- 仕上げの生クリーム……大さじ4
- 仕上げの塩……少々
- あればフレッシュローズマリーの葉、または青じそなど彩りに少々

## recipe

**1)** コンソメゼリーを作っておく。肉汁を耐熱タッパーに入れ、レンジで1分半加熱して温め、そこに板ゼラチン、塩、砂糖を入れ味を調整する。粗熱が取れたら冷蔵庫に入れて冷やし固める。一度スプーンでかき混ぜ、細かくジュレ状にしておく。コンソメキューブで作る場合も肉汁で作る場合も、ある程度味はついているので、塩は調える程度。

**2)** レンジ加熱したじゃが芋の皮をむき、熱いうちにミキサーに入れる。牛乳、砂糖、中華スープの素、塩を入れ攪拌する。最後に生クリームとオリーブオイルを入れてさっと攪拌する

**3)** 器に盛りつける。ガラスの器にじゃが芋のピュレを入れ、その上にトマト、固まったジュレをのせ、きゅうり、残りのジュレの順にのせる。ここまで終えたら冷蔵庫に入れておく。食べる直前に生クリームをかけ、塩をパラパラふって、あればローズマリーの葉を彩りにのせてでき上がり。

---

**WITH**

セグラ・ヴューダス、ブリュット・レゼルバ／カヴァ／スペイン

スペインにいた時「これがお得」と教えてもらったカヴァ。日本でも見つけてはよく飲みますが、辛口のなかに深みを感じます。だれもが好きになるスパークリングです。

*segura viudas*

pasta {パスタ}
## ピリ辛ポルチーニ茸のパスタ

**WITH**

ファルネーゼ／サンジョベーゼ／
イタリア・アブルッツォ州

*farnese*

本場トスカーナ州のサンジョベーゼもおいしいですが、コストパフォーマンスと初心者向けという観点からは、イタリア中部で作られるこちらも果実味があっておすすめ。同メーカーのモンテプルチアーノ（赤）やシャルドネ（白）、トレッビアーノ（白）もおいしいですよ。

salad {サラダ}

## 玉ねぎと
## 皮むきトマトのサラダ

main dish {メイン}
## MOMの牛煮込み

WITH

サンライズ／メルロー／チリ

*sunrise*

チリの大手・コンチャイ・トロ社が造り出す、リーズナブルなサンライズ・シリーズ。他にカッシェロ・デル・ディアブロ・シリーズ（P20）やマルケス・デ・カーサ・シリーズもおすすめです。造り手（メーカー）が気に入ったら、少しお金を出して上級クラスや他の品種にもトライしてみましょう。

MUSIC

**CANNONBALL ADDERLEY**
Somethin' else

**キャノンボール・アダレー
「サムシン・エルス」**

アルトサックスプレイヤーのアダレー。
1曲目ではマイルス・デイビスと
共演で「枯葉」を吹いています。
これは最高です。メルローの深い優しさを
感じながら、アダレーの演奏を。
ビル・エバンスのピアノと共演したアルバム
「Know What I mean」もすばらしい。

MERLOT 089

## pasta {パスタ}

# ピリ辛ポルチーニ茸のパスタ

**輸**入食材ショップやデパートなら、ほとんど乾燥ポルチーニ茸を置いています。こくがあって、深い味わい。家にストックしておくと急なお客様の時、これほど便利な食材はありません。ぜひともトライしてみてください。

### ingredients

- 乾燥ポルチーニ茸……20g
  （マグカップに入れ、水1/2カップの水を加えて電子レンジで2分半加熱してから汁に浸しておく）
- おろしにんにく……小さじ1/4
- 生クリーム……1/2カップ
- 塩・……小さじ1/4
- 中華スープの素……小さじ1/4
- 唐辛子（刻んだもの）……1〜2本分（好みで）
- パスタ（リングイーネまたは1.9mmのスパゲティ）……240g
- 仕上げのE.V.オリーブオイル……少々
- 仕上げのパルミジャーノチーズ（フレッシュがよい）……たっぷり
- 黒こしょう……適宜
- あればピンクペッパー……少々
- 彩りにあればパセリやイタリアンパセリなど……少々
- パスタをゆでる湯と塩（水12カップに対して塩大さじ2）

### recipe

**1)** お客様がみえる前に大きめの耐熱ボウルまたは器に戻したポルチーニ茸と戻し汁、にんにく、生クリーム、塩、中華スープの素、唐辛子を入れレンジにスタンバイしておく。

**2)** パスタは最後にからめるだけなので、指定の時間より30秒だけ短くゆでる。

**3)** パスタをゆでている間にソースを作る。
1をレンジで3分半加熱するだけ（フライパンで作ってもよい）。

**4)** パスタを3の耐熱ボウルでからめ、味見をして塩で調整し、器に盛ったら仕上げのE.V.オリーブオイル、パルミジャーノチーズ、黒こしょう、ピンクペッパー、彩りのパセリをのせてでき上がり。

## salad {サラダ}

# 玉ねぎと皮むきトマトのサラダ

**夏**のトマトがいちばんですが、そうでない時は砂糖で甘みを調整します。マリネ状態なので翌日もおいしい。多めに作って、次の日はミキサーにかけてスープにしてもいいですよ。

### ingredients

- 玉ねぎ……1個（みじん切り。30分以上水に浸しておく）
- トマト……中3個（皮をむいたほうが数倍おいしい）
- 白ワインビネガー（またはレモン汁）……大さじ1
- 塩……小さじ1
- 砂糖……小さじ1
- 仕上げのE.V.オリーブオイル……適宜
- 黒こしょう……適宜
- あればバジルまたは青じそ……適宜

### recipe

**1)** トマトの皮をむく。コンロを強火にし、フォークに刺したトマトを網か五徳の上で時々ゴロンとまわす（写真）。この作業で少々トマトが甘くなっておいしくなる。皮が黒くなったらすぐに水につけ、皮をむき、粗切りにする。

**2)** 大きめのタッパーに粗切りにしたトマト、水をきった玉ねぎ、白ワインビネガーを入れ、塩、砂糖をかけたらざっくり混ぜ、冷蔵庫で冷やす。2時間くらいたったほうがおいしい。

**3)** 器に盛りつけたら仕上げのE.V.オリーブオイルと黒こしょうをかけ、あればバジルや青じそをのせてでき上がり。

●青じそはたっぷり1わ、せん切りにしてのせてもよい。

main dish {メイン}
# MOMの牛煮込み

私のホストファミリーのお母さんはイタリア系ですが、お父さんはアイリッシュ系。アイリッシュのお祭りの日など、このアイリッシュ風牛の煮込みを作ってくれました。お母さんのようにばら肉をコトコト煮てもおいしいですが、圧力鍋で柔らかく煮たすね肉もさっぱりしていて食べやすい。数日前から作っておけますよ。

## つけ合わせの野菜

レンジで加熱するとゆでるよりおいしい野菜がたくさんあります。本当は蒸すのがいちばんですが、気軽にいきたいときはレンジが楽です。

ingredients

モロッコいんげん……8本ほど
かぶ……3個（皮をむいて4等分しておく）
塩……小さじ1/2
E.V. オリーブオイル……大さじ1

recipe

耐熱ボウルか大きめの器、または耐熱タッパーにモロッコいんげんとかぶを入れ、塩とE.V.オリーブオイルをたらす。ラップをかけて、6〜8分、好みのかたさに加熱する。かぶはすぐ柔らかくなるので注意。いんげんと大根、玉ねぎなど、いろいろ組み合わせてみるとよい。

ingredients

玉ねぎ……1個（皮をむき縦に8等分に切る）
オリーブオイル……大さじ1
牛すね肉……600g
● 多めに作ってもよい。シチュー用などのぶつ切りに塩小さじ1を手ですりこみ、20分ほどおく。その間にキッチンを片付けたり他の作業をする。ばら肉なら固まりのまま煮たほうがよい。
水……5カップ
赤ワイン……1/2カップ（何でもいい）
コンソメスープの素……1個
［ソース］● これは絶対においしいので添えてください
　ケチャップ……1/2カップ
　砂糖……大さじ2
　ウスターソース……大さじ1

recipe

**1)** 圧力鍋、または大きめの鍋にオリーブオイルを入れ、中火で牛すね肉の表面をさっと炒め、玉ねぎも炒める。焦がさないように注意。水とワインを入れ、強火になったらふたをする。

**2)** 圧力鍋の圧がかかったら火を弱火にして25分ほど煮て、火を止めたらそのまま圧が抜けるまでおく。普通の鍋で作るなら水分を時々チェックしながら（足りなかったら水を足す）肉が柔らかくなるまで煮る。「こりゃ、一生柔らかくならない」と思ってしまいそうになるが、いつかは柔らかくなるのでご心配なく。
（鍋で作る場合は、脂身のあるばら肉のほうが柔らかくなる）

**3)** 圧がとれたらゆっくりふたをあけ、コンソメを入れたらごくごく弱火にし、10〜25分、肉が柔らかくなるまで普通に煮る。肉の大きさや質によって煮え具合も変わるので、様子をみる。そのまま常温になるまで置いておく。

**4)** 冷蔵庫に入りそうな小さめの鍋に肉を移し、上からざるでこしたスープを入れて保存する。肉汁が肉に戻りおいしくなる。この時余ったコンソメで前菜用のゼリーを作る。

**5)** ソースはケチャップ、砂糖、ウスターソースを混ぜるだけ。これがかなりおいしい。肉やつけ合わせの野菜につけていただく。和食としてならゆずごしょうもおすすめ。

# デザート

お酒飲みが集まると、なかなか甘いものとコーヒーで終わりというわけにはいきません。そのあとゆっくりチーズを食べ、再びワインを飲み、そして音楽を聴きながら夜は更けてゆきます。最後にウィスキーを飲みながら、手作りのトリュフなどいかがでしょう？

## WITH／ルビーポート／ポルトガル

ruby porto

チーズやチョコレートにも合う甘いデザート酒。しばらくもつので、夜寝る前にちょっと飲みたい方におすすめ。ポートは赤ワインにブランデーを入れたものです。栓をあけても

### dessert {デザート} #1
# チーズ3種盛り

チーズもたくさんありますが、私がお客様に用意するとしたら、デパートのチーズ売り場などで手に入りやすいものを3種類ほど購入します。白かびタイプではカマンベールかブリー、さらにクリーミーなパヴェ・ダフィノアなど。青かびならフランスのロックフォール、イタリアのゴルゴンゾーラ、イギリスのスティルトン、ドイツのカンボゾラなど。ほかにはフレッシュタイプのブリア・サヴァランに、ジャムをのせてお出ししてもおしゃれです。

ちなみに今回用意したのは、以下の3種。少しずつお試しを。
それからコンビニで売っている国産のカマンベールも最高です。
手頃な値段とこの品質。さすがメイド・イン・ジャパンです。
イタリアの友人もおいしい！とびっくりしていました。
なお、チーズはできるだけ室温に戻していただきましょう。甘みが出ます。

- ●白かびタイプ……パヴェ・ダフィノア
- ●青かびタイプ……イギリスのスティルトン
- ●ウォッシュタイプ（酒で表面を洗ったタイプ）……マンステル

以上の3つにドライいちじく、干しぶどう、パン、洋なしを合わせました。
クラッカーだけでなく洋なしやりんごの上にチーズをのせてもおいしい。

## dessert {デザート} #2
# チョコレートトリュフ

### ingredients

- 板チョコレート……140g（ブラックチョコレートまたはミルクチョコレート）
- 生クリーム……1/2カップ（100cc）
- ブランデーまたはウィスキー……大さじ1
  （グランマルニエ、コアントローなども可）
- 仕上げ用板チョコレート……70g
- 仕上げ用ココア……1/2カップ

### recipe

**1)** 耐熱ボウルや丼など大きめの耐熱器に砕いたチョコレートを入れて、レンジで1分30秒ほど溶かす。

**2)** 1を木べらなどで混ぜてから、生クリームとブランデーを加えて、さらによくかき混ぜる。ラップをして冷蔵庫で2時間以上冷やす。ここまでを前日、寝る前などにやっておくとよい。

**3)** 冷えて扱いやすくなったチョコレートを2本のスプーンですくってクッキングシートを敷いた皿やバットの上にのせる。形は丸くなくてもいいので、2本のスプーンを使って行うと手の温度でチョコレートも溶けずに作業ができる。次の作業まで冷蔵庫か、暑い日ならば冷凍庫に入れておく。

**4)** ココアは茶こしやざるなどでこしながらボウルに入れて置いておく。仕上げ用チョコレートを大きめの耐熱器に入れ、50秒ほど加熱してかき混ぜる。

**5)** 3のチョコレートをスプーンにのせ、4の仕上げ用チョコレートにくぐらせ、ココアのボウルに入れてまぶす。再び冷蔵庫で冷やしてでき上がり。バレンタインなどにもどうぞ。

# PINOT NOIR

## ピノ・ノワール
### 香りの赤
The Aromatic Red

　ピノ・ノワールはブルゴーニュに代表される品種で、鮮やかな淡い赤色と、酸味、そして複雑な香りが特徴です。他種と比べ涼しい気候を好むため、育てるのが難しいとされ、世界中で成功を収めている品種とはいえませんが、カリフォルニアやオーストラリア、ニュージーランド、チリなどでも良質のピノ・ノワールが産出され、高い評価を得るワインもたくさん造られています。高校時代からの親友の旦那さん、ボブ・キャブラルはウィリアムズ・セリエムというワイナリーでピノ・ノワールを作るカリフォルニア最高峰の醸造家の一人といわれている人ですが、彼の家を訪れるたびに畑を歩きながらぶどうやピノについていろんな話を聞かせてもらうのが楽しみです。「ピノ・ノワールは手のかかる子供みたいな存在なんだ。適度な霧や日光であれば最高のぶどうができるけど、ちょっとでも寒すぎたり暑すぎたりするとうまく育たない。だから日光が足りないときはぶどうの葉っぱをずらして房に太陽を当て、当たりすぎているときは葉っぱが傘になるように房にかけてあげる。目立ちすぎる子には少し後ろに、そうでない子にはもうちょっと前に出てごらんというのと同じさ」彼の話を聞きながら、「じつは小さな手作業の繰り返しが大切なのだ、『効率』という価値観に振り回され、当たり前の積み重ねを軽視しがちな現代だけど、最高のものを作り出すときは原点に戻らなくてはいけないのだ」そう感じた一瞬でした。

　昨年泊まりに行ったときは、家族一同でお世話になり、娘たちがギャーギャー騒ぎまくっていましたが、そんな状況でも彼の造り出すピノ・ノワールには品、そして冒険心、信じがたいほどの香りの持続性を感じました。「ワイン造りは50パーセントが科学、50パーセントが芸術」ボブはそう言いますが、たしかに最初はただのワインであった飲み物が、空気にふれ、時間がたつにつれ、すばらしいシンフォニーを奏ではじめたような気がしました。違う畑から作られたという3本のピノ・ノワールは、同じ造り手なのに、違う音楽を奏でます。その日は、夜中までグラスに漂う香りに酔いしれた忘れがたい夜でした。

　ピノ・ノワールを世界最高のワインと称する人が多いのは、もしかしたらその香りのせいかもしれません。見た目の記憶、味の記憶、音の記憶、手触りの記憶、人には様々な記憶の要素がありますが、こと香りの記憶というのは人の脳裏にとどまり、また同時に一瞬で昔の思い出を呼び戻す不思議な力があります。昔使っていたシャンプーの香りで急に母を思い出したり、雨上がりの草の香りで、中学時代の部活動を思い出したり。香りが伝えるメッセージはどこか本能的でパワフルです。

　すばらしきピノ・ノワールに出合うまで、ぜひ皆さんもいく度もの失敗を繰り返してください。簡単に出合えるタイプではありません。何度出合えるかもわかりません。でもNo Try. No Chance. 冒険なくして出合いのチャンスは生まれません。まずはリーズナブルプライスで他の品種と違う繊細さと香りを楽しんでみて。さらりと喉を通りすぎるそのなめらかさは、じつは様々な料理と合います。鴨肉やローストビーフ、豚肉や鶏肉、サーモンのグリル、そして和食。暑い時は少し冷やしてからコルクを開け、ゆっくり時間をかけて楽しんでみては。ピノ・ノワールのすばらしさは、時間とダンスするかのような、その香りの変化にあるのですから。

## 準備すること

[前日]
- デザートの**タルト**生地を作って冷蔵庫に入れておく。

[当日]
- アーモンドクリームを入れて**タルト**を焼き、粗熱が取れたら冷蔵庫で冷やしておく。
- タルトを焼いている間に**カスタードソース**、**白ワインゼリー**を作る(このプロセスは省いてもよい)。
- **ほたて貝柱**を湯引きして切ってからラップにくるみ、冷蔵庫に冷やしておく。**トマト&バジルソース**も作って冷蔵庫に。
- **サラダ**用のモロッコいんげんをレンジにかけ、野菜は洗って全部冷やし、器に盛って冷やしておく。
- **合鴨ロース**や**きのこ**を焼いて下準備をし、バットに入れ室温におく。
- **パスタ**用の湯に塩を入れコンロに用意しておき、ソースもボウルにスタンバイ。
- 使う器を選んでテーブルセッティングをしておく。

# MENU

### appetizer {前菜} & sparkling
**刺身用ほたて貝柱のトマトソース**
with クックス・ブリュット／スパークリング／カリフォルニア

### pasta {パスタ} & white
**パルミジャーノチーズと生クリームのフェトチーネ**
with ラ・キュベ・ミティーク・ブラン／ブレンド白／フランス

### salad {サラダ}
**モロッコいんげん、サニーレタス、イエロートマトのサラダ**

### main dish {メイン} & red
**合鴨ロースのはちみつ風味焼き きのこ添え**
with ♣ モンテス／ピノ・ノワール／チリ

### dessert {デザート} & white
**フルーツタルト**
with スノークォルミー／リースリング／アメリカ・ワシントン州

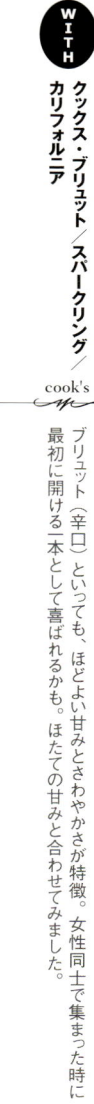

## appetizer {前菜}
### 刺身用ほたて貝柱の トマトソース

**WITH**

**クックス・ブリュット／スパークリング／
カリフォルニア**

cook's

ブリュット（辛口）といっても、ほどよい甘みとさわやかさが特徴。女性同士で集まった時に最初に開ける一本として喜ばれるかも。ほたての甘みと合わせてみました。

PINOT NOIR 097

## appetizer {前菜}
# 刺身用ほたて貝柱の
# トマトソース

私の父の定番。実家に帰るとよく作ってくれます。
刺身用ほたてだけでなく、たいやさより、ひらめの刺身でもおいしい。
一瞬火を通すことによって甘みが増し、臭みはなくなります。

### ingredients
刺身用ほたて貝柱……大4個
トマト……中くらいの1個（すってソースにして1/2カップ分）
塩……小さじ1/2
E.V. オリーブオイル……大さじ2
白ワインビネガー……大さじ1
ほたて用の塩、黒しょう……各少々
バジルの葉……6枚
バジル用レモン汁……大さじ1
バジル用塩……小さじ1/4

### recipe
1) フライパンに湯を沸騰させ、ほたて貝柱をさっと
湯引きする（まわりが半透明に白くなったらOK。約10秒ほど）。
すぐに冷たい水につけて身をしめ、ペーパータオルでふく。

2) 直前にすぐ盛りつけられるよう、ほたては横に3～4枚に
薄く切ってラップをかけ、冷蔵庫へ入れておく。

3) おろし金でトマトを皮ごとすり（写真）、塩、
E.V. オリーブオイル大さじ1、白ワインビネガーを混ぜ
ソースを作って冷蔵庫に入れておく。

4) バジルをすり鉢ですって、E.V. オリーブオイル大さじ1、
レモン、塩と混ぜ冷蔵庫に入れておく。
小さいすり鉢があると便利。

5) お客様がみえたら、器にトマトソースを敷き、
その上にほたてをのせ、バジルソースをかけ、
塩、黒こしょうをふり、まわりに E.V. オリーブオイルを
垂らしつけてでき上がり。あればセルフィーユや
イタリアンパセリなどを飾るとおしゃれに。

## pasta {パスタ}
# パルミジャーノチーズと
# 生クリームのフェトチーネ

フレッシュチーズと生クリームだけで作るパスタ。
白ワインにも赤ワインにも合い、大人にも子供にも人気です。
ぜひフレッシュチーズを求めて作ってみてください。価値はあります。

### ingredients
フェトチーネ……200g（1.9mmのパスタなら240g）
生クリーム……1/2カップ
バター……20g
中華スープの素……小さじ1/2
おろしにんにく……小さじ1/6（好みで）
パルミジャーノチーズ……1/2カップ分（固まりのもの）
仕上げのパルミジャーノチーズ……適宜
塩、黒こしょう……各適宜
E.V. オリーブオイル……少々
あればピンクペッパー……少々
パスタをゆでる湯と塩（水12カップに対して塩大さじ2）

### recipe
1) 耐熱ボウルまたは大きめの耐熱器に生クリーム、バター、
中華スープの素、にんにくを入れて、レンジの中にスタンバイする。

2) パルミジャーノチーズはおろし金や
チーズおろし器ですりおろしておく。

3) パスタがゆで上がる前に 1 のソースはレンジで3分加熱して
スプーンで混ぜ、2 のパルミジャーノチーズを入れておく。

4) パスタは表示より1分ほど短めにゆで、食感を確かめる。
パスタの湯をよくきって、3 に入れてトングでソースとからめる。塩、
黒こしょうで調味し、仕上げのパルミジャーノチーズ（パスタの上です
りおろすとよい）、E.V. オリーブオイル、黒こしょうをかけていただく。
あればピンクペッパーなどを散らす。

**WITH**

ラ・キュベ・ミティーク・ブラン／
ブレンド白／フランス

*la cuvée mythique*

ヴィオニエという品種をブレンドさせたワイン。南フランス・ラングドック地方産です。こちらの地方は赤白ともにお求めやすい庶民の味方。そして質が高く親しみやすい。同メーカーの赤もおすすめです。

PINOT NOIR 099

## salad〔サラダ〕

## モロッコいんげん、サニーレタス、イエロートマトのサラダ

モロッコいんげんや、いんげん、アスパラガスを少し半生に加熱したり、魚焼きグリルで焼いてサラダに加えると食感が楽しい。おもてなしの時はイエロートマトなどでサラダに色味を添えるといいですよ。

### ingredients

- モロッコいんげん……6本（いんげんやアスパラガスでもよい）
- サニーレタス……3枚（洗って水をきっておく）
- イエロートマト……8個（プチトマト、普通のトマトでもよい）
- E.V.オリーブオイル……大さじ2
- 白ワインビネガー……大さじ1
- 塩……小さじ1/3
- こしょう……少々

### recipe

1) モロッコいんげんは塩（分量外）少々をしておき、ラップに包みレンジで2分加熱してからすぐに水にくぐらせて色止めをする（グリルで焼いてもいい）。5cm長さに切る。

2) ボウルにE.V.オリーブオイル、白ワインビネガー、塩、こしょうを入れ、スプーンでささっと混ぜたら、イエロートマト、モロッコいんげん、サニーレタスの順にのせ、ラップをかけて冷蔵庫にスタンバイしておく。

3) 食べる直前に全体をさっとからめてでき上がり。

---

**MUSIC**

**KEITH JARRETT**
Standards in Norway

**キース・ジャレット「スタンダーズ・イン・ノルウェイ」**

初めてキースを知り、好きになったアルバム。ピアノの音の透明感が何ともいえない。他に「ザ・ケルン・コンサート」。夜更けに聞くなら「メロディ・アット・ナイト・ウィズ・ユー」もおすすめ。ピノのグラスを傾けながら、淡い赤を透かして見える夜は、どんな世界でしょうか。

**main dish** {メイン}

## 合鴨ロースの
## はちみつ風味焼き
## きのこ添え

### main dish ｛メイン｝

# 合鴨ロースの
# はちみつ風味焼き
# きのこ添え

合鴨ロースなんてレストランで食べるものというイメージですが、デパートや精肉専門店ではけっこう売られています。一度トライしてしまえば、とっても簡単。我が家では鴨やラムを冷凍してあるので、急なお客様のときに重宝しています。

---

**WITH**
モンテス／ピノ・ノワール／チリ

*montes pinot noir*

14年前、始めてアメリカのワインショップでモンテス・アルファのカベルネを紹介され、なに〜！ この安さとおいしさは！ と驚きました。ピノ・ノワールもおいしい。お値段は少しずつ上がってしまいましたが、いまだにリーズナブルに提供してくれるブランドです。

ingredients

合鴨ロース肉……1〜2枚
● ダイエット中の女性客なら1枚で足りるが、男性には足りない。
  1枚300gちょっとで大体3人分ほど。2枚焼いておき、
  残ったらオープンサンドイッチの具や、サラダに入れるとよい
塩……ロース1枚に対して小さじ1
はちみつ……ロース1枚に対して小さじ1
おろしにんにく……ロース1枚に対して小さじ1/6（好みで）
まいたけ、しいたけ、マッシュルームなど好みのきのこ
　　　……両手いっぱい
ピンク&グリーンペッパー……各適宜
（なくてもよいが、風味がよくなるし、肉が長持ちするのでおすすめ）

recipe

1) 合鴨ロースは冷蔵庫から出してすぐ塩をする（肉を室温に戻さない。写真）。小さじ3/4は皮面に、1/4は赤身のほうにつけ、にんにくは赤身の方にすり込んでおく。そのまま皮面を下にして10分おき、塩を浸透させる。

2) フライパンを中火に熱し、油はひかずに3分ほど合鴨の皮面だけを焼く。きつね色に焼き色がついたら（写真）、クッキングシートを敷いたバットに移して、皮のほうにだけはちみつを塗る（写真）。

3) 火を止めたフライパンには鴨から脂（体にいいリノール酸が含まれている）が出ているので、その脂にきのこをからめる。塩分は鴨から出ているので、きのこを味見してから足りない分だけ少々かける（加熱したじゃが芋をこの脂でソテーすると最高）。鴨もきのこも、お客様がみえるまで、室温のままバットに置いておく（写真）。

4) 250度に温めたオーブンで12分ほど焼き（焼き時間は100gあたり4分と覚えておく）、焼き上がったらアルミホイルをふわっとかぶせ肉汁が出ないよう5分ほどおいてから7mmの厚さに切る。自分の好みに焼けているかは端を薄く切って確かめるとよい。焼きが足りなければ少しフライパンで焼き、次からは時間をふやす。

5) 切った鴨肉にピンク、グリーンペッパーをのせる。ブルーベリージャムなどを湯でゆるめて塩を少々足してソースにしてもいいし、和風ならばゆずごしょうをつけて食べてもおいしい。皿に鴨肉、きのこをのせ、あればクレソンなどを飾りにする。

## dessert {デザート}
# フルーツタルト

デザートワインのリースリングに合うような
ラズベリー&ブルーベリーを使いましたが、
旬のフルーツなら何でもおいしい。いちご、バナナ、
桃、いちじくなど手に入れやすいもので作ってみてください。
間にカスタードクリームを挟みましたが、かわりにジャムを
塗ってもいいし上のゼリーをはぶいてもいい。
2つプロセスをはぶけば、かなり簡単なタルトです。

**ingredients**（21cmのタルト型1台分）

[タルト生地]
- 薄力粉……1.5カップ（150g。1/3は全粒粉でも可）
- バター……70g
- 上白糖……大さじ2
- 卵黄……1個分
- 冷水……大さじ2
- バニラエッセンス……少々

**recipe**

1）耐熱ボウルにバターを入れ、レンジで50秒ほど加熱してゴムべらで混ぜる。

2）1に砂糖を入れ、ゴムべらでサクサク合わせる。

3）2に卵黄を入れ、ゴムべらですり合わせる。

4）3に薄力粉を入れ、ゴムべらですり合わせるように混ぜ、そこに冷水、バニラエッセンスを入れて、ポロポロの状態になるまで合わせる。

5）4をビニール袋に入れ、両手でワシッとつかんでまとめる。
あまりこねずにさくっとまとめ、冷蔵庫に入れる。
前日までにここまでやっておくとよい。当日なら朝のうちに。
一度冷やすことによってバターが固まり、タルト生地が落ち着く。

● この間にアーモンドクリーム、カスタードクリーム、
白ワインゼリーを作る（下記参照）。

6）生地を冷蔵庫から出し、少し柔らかくなってきたら
ビニールの間に挟み、その上から麺棒でたたいてのばす。
厚手ビニールに挟んだタルト生地を床の上に置いて、
うどんをこねるように足で踏むと、生地の温度を上げずに
素早く広げることができる。時間をかけすぎると
バターが溶け出し、生地がさくっとならない。

7）のばした生地をタルト型に入れてピタッと張りつける。
縁は厚めがおいしい。余りをカットし、底をフォークの先で
30ヵ所ほど軽く穴をあけ、さらに冷蔵庫で30分以上ねかせる。
急ぐ時は冷凍庫に10分入れる。

8）アーモンドクリームをのせて180度のオーブンで
40〜50分焼く。途中クリームが焦げそうだったら
上にアルミホイルをかぶせるとよい。
長く焼くのはまわりのタルトをさくっとさせるため。

9）8の粗熱が取れたら上にカスタードクリームをのせ、
フルーツをきれいに並べ、冷蔵庫で少しとろとろしている
白ワインゼリーを回しかけてでき上がり。よく冷やして、
あればセルフィーユを飾ると見た目にも美しい。

**WITH**

スノークォルミー／リースリング／アメリカ・ワシントン州

*snoqualmie*

タルトに合う甘いリースリング。少し飲むだけで
幸せ気分です。よく冷やしてお試しください。
甘いワインはよく冷やすこと、辛口は
冷やしすぎないこと、おいしく飲むコツです。

## アーモンドクリーム

ingredients

バター……50g
グラニュー糖……1/2カップ
卵……1個
アーモンドパウダー……1/2カップ

recipe

耐熱器にバターを入れ、
レンジで30秒加熱して柔らかくする。
そこに残りの材料を入れて
木べらですり合わせておく。

## カスタードクリーム

ingredients

牛乳……1/2カップ
コーンスターチ……大さじ1
グラニュー糖……大さじ2
卵黄……1個分
バニラエッセンス……少々

recipe

1）卵黄以外の材料を耐熱器に入れ
よくかき混ぜたらレンジで1分半加熱する。

2）1をスプーンでよく混ぜたら
卵黄を入れ、さらに混ぜたら1分加熱⇒
混ぜる⇒30秒加熱⇒混ぜる⇒30秒加熱を
繰り返してでき上がり。
バニラエッセンスは最後に混ぜる。

## 白ワインゼリー

ingredients

水……1/4カップ
リースリングなど甘めの白ワイン
　　　……1/4カップ（なければ水でよい）
グラニュー糖……大さじ2
ゼラチン……1.5g（板ゼラチン1枚）

recipe

耐熱タッパーに水、グラニュー糖を入れ、
レンジで1分加熱する。ゼラチン、
ワインを加え冷蔵庫にスタンバイ。
30分以上たつと固まってしまうため、
仕上げの30分前に作るのが理想。
忘れて固まってしまったら、混ぜて
細かいジュレ状にすればよい。

**シ**ラー（オーストラリアではシラーズという）は、果実味が豊かでスパイシー、大地の恵みを感じるような濃い赤色の野性味あふれる品種です。フランスではコート・デュ・ローヌやプロヴァンス地方、新世界ではオーストラリア、アメリカ、南アフリカなどでパフォーマンスの高い良質なワインが生産されています。私が赤ワインを飲み始めてから繰り返しパーティー用に買うようになったのもこの品種で、その理由は、1,000円も出せばかなりの確実さでおいしいボトルを手に入れることができるからでした。

**夏**、シラーの産地でもあるプロヴァンス地方・アヴィニョンに数日間滞在したことがありましたが、この時はお隣のラングドック地方、ルーション地方のシラーも飲んでみたりしました。そしていまだかつて経験したことのなかったその安さ、おいしさに驚いたのを覚えています。レストランの店主いわく「日本でもきっと、南は人ものんびりしていて物価も安いだろ？ フランスもそうなのさ。不思議だよな。国境を越えたら北スペインのバルセロナに着く。すると物価も高くなり人もかたくなる。こっちの方が北なのにさ」と言います。本当に不思議です。同じ国で南に位置しているだけで人は気が緩むのか、そういうところがあります。しかも組織とか統制とかから取り残されがちになるところも万国共通なのか、「いいワインを作っていても、南の人間はうまく主張できないから認められないのさ。おいしくたってヴァン・ド・ペイ（格のつかない地酒レベルという意味）さ」とおじさんに笑います。たしかに。九州出身の人間として、何とも親しみがわきます。「こっちから主張して説明しなくても、良さをわかってよねって、言いたくなりますよね」思わず意気投合してしまいました。

## シラー／シラーズ
## エキゾチックな赤
### The Exotic Red

# SYRAH

シラーには、このおじさんのような素朴な温かさもありますが、時に（いい意味で）裏切ってくれるステキなボトルに出合うこともあります。ただ親しみやすい人と思っていたのが、話をしていくうちにその人の大胆さと繊細さに思わずぐっときてしまうような、そんな感じです。洗練されたブレンドにより、シラーは変化を遂げるようです。フランスでは、レーズンとチョコレート風味が特徴といわれるグルナッシュ種とブレンドされたり、オーストラリアやカリフォルニアでは、よくカベルネ・ソーヴィニョンとブレンドされます。日本ではココファームというワイナリーがジンファンデルという品種（カリフォルニアで人気がある果実味豊かな品種で、牛赤身のステーキにピッタリ）とブレンドしていますが、「日本産がこのお値段で！」とひざを打つ喜びを感じました。思わず栃木県足利まで急斜面にあるぶどう畑を見にいきましたが、シラーと、そして日本のワインに未来を感じた喜ばしい一瞬でした。

**皆**さんも赤ワインを飲み始めるなら、まずこのリーズナブルですばらしいワインを見つけられるシラー種、またはシラー・ブレンドから始めてみてはいかがでしょう？ フランスのラングドック・ルーション地方、オーストラリア産などは特にお手頃です。

この品種は豆と肉の煮込み料理や、ラタトゥイユ、ピザやハンバーグ、スパイシーな料理などいろんなものに合います。本日はまず、日本全国どこでも手に入れやすいコート・デュ・ローヌ地方からギガルと、スペアリブ、大根、大豆のスパイシーな煮込みなどいかがでしょう？

SYRAH 107

## MENU

**appetizer** {前菜} **& sparkling**
ロースト赤ピーマンのムース
*with* オリオール ロッセール／
コヴァ・ロゼ／スペイン

**pasta** {パスタ} **& white**
みょうがと
ルッコラのアンチョビパスタ
*with* ミュスカデ・セーヴル・エ・メーヌ／
ミュスカデ／フランス

**salad** {サラダ}
春菊とミックスグリーン、
オレンジのサラダ

**main dish** {メイン} **& red**
スペアリブと大根のスパイス煮
*with* E・ギガル コート・デュ・ローヌ ルージュ／
シラー／フランス

**dessert** {デザート}
しょうがプリン
*with* 中国茶

## appetizer {前菜}
# ロースト赤ピーマンの ムース

**ム**ースは一見難しそうにみえますが、作り方は
びっくりするくらい簡単です。ポイントは赤ピーマンを
真っ黒に焦がして甘みを引き出すことです。

### ingredients

赤ピーマン（パプリカ）……大1個
牛乳……1/2カップ
砂糖……小さじ1
塩……小さじ1/2
板ゼラチン……4g（1.5gのもの2.5枚ほど）
生クリーム……1/2カップ
仕上げのE.V.オリーブオイル……少々
あればセルフィーユ、青じそなど飾りに
[トマトソース]
　トマト……1個
　塩、砂糖……各小さじ1/4

### recipe

**1)** 赤ピーマンはフォークに刺し、コンロの上に網をのせて
（五徳に直接でもよい）、強火で表面が真っ黒になるまで焼く（写真）。
赤ピーマンの種を取り、8等分して水で柔らかくなるまで煮てもよい。

**2)** 黒くなった赤ピーマンは水をかけて冷やし、
手で皮をつるっとむく。

**3)** 半分に切って種を取り、再び洗って
適当な大きさ（8等分くらい）に切り分ける。

**4)** ミキサーに赤ピーマン、牛乳、塩、砂糖を入れ、
きれいにつぶれるまで撹拌する。

**5)** 耐熱タッパーに 4 を入れ、電子レンジで1分加熱する。
その間にゼラチンを水でふやかす。

**6)** 5 のソースにゼラチンを入れ、スプーンでかき混ぜて溶かす。

**7)** 生クリームを加え、かき混ぜたら器に入れて冷蔵庫で冷やす。

**8)** トマトソースは、トマト、塩、砂糖をミキサーで撹拌して
タッパーに入れて冷蔵庫で冷やしておく。

**9)** でき上がったムースの上にトマトソースをのせ、
最後にE.V.オリーブオイルを風味づけにかけてでき上がり。
あればセルフィーユや青じそなどを飾りにのせるときれい。

---

### 準備すること

[前日]
- スペアリブと大根のスパイス煮を
  作っておく。当日でもよい。

[当日]
- 前菜を作っておく。
- しょうがプリンを作っておく。
- パスタ用の湯に塩を入れコンロに
  用意しておき、ソースもスタンバイしておく。
- サラダの準備をして冷蔵庫に入れておく。
- 使う器を選んでテーブルセッティングをしておく。

---

**WITH**

オリオール ロッセール／カヴァ・ロゼ／スペイン

*oriol rossell*

ローストした赤ピーマンの苦みには、少し苦みを感じる
スパークリングが合います。ロゼは見た目は甘い感じですが、
じつは辛口のものが多い。赤ピーマン、トマト、
そして沈みゆく太陽、全てが同じ色だと最高です。

# みょうがとルッコラのアンチョビパスタ

pasta（パスタ）

**み**ょうがは日本の食材ですが、パスタにもサラダにもよく合います。アンチョビのかわりにしらすやベーコンを入れてもおいしい。ルッコラがなければ青じそもいいでしょう。

### ingredients

みょうが……4個（横または縦半分に切ってせん切り）
ルッコラ……2茎分（5mmのせん切り）
にんにく……3かけ（薄切り。牛乳で加熱するため臭みは残らない）
牛乳……大さじ2
アンチョビ……3枚（みじん切り）
オリーブオイル……大さじ2
唐辛子……1〜2本（みじん切り）
E.V.オリーブオイル……大さじ1
中華スープの素……小さじ1/4
塩、こしょう……各適宜
パスタ（1.4mm）……240g
パスタをゆでる水と塩（水12カップに対して塩大さじ2）

### recipe

**1)** 耐熱ボウルか大きな耐熱器に牛乳とにんにくを入れて、ラップを軽くかけてレンジで2分半ほど加熱する。牛乳はペーパータオルでふき取る。

**2)** 1にオリーブオイルとみじん切りしたアンチョビ、唐辛子を入れ、ラップを軽くかけてさらにレンジで1分加熱する。

**3)** 2にE.V.オリーブオイル、中華スープの素を入れてかき混ぜる。お客様がみえるまで器ごとスタンバイ。

**4)** パスタをゆでる。表示時間より30秒は早く取り出したほうがアルデンテになる。パスタを引き上げる直前に、2のソースをレンジで1分温める。湯をよくきったパスタをからめ、みょうがを入れてさっとかき混ぜ、塩、こしょうで味を調整。器に盛り、ルッコラをのせてこしょうをふり、仕上げのE.V.オリーブオイル（分量外）を回しかけたらでき上がり。

---

WITH ミュスカデ・セーヴル・エ・メーヌ／ミュスカデ

*muscadet-èvre et maine*

ミュスカデとはフランス・ロワール地方に代表される辛口品種。「セーヴル河とメーヌ河の間のミュスカデ」という意味のこのボトルを見つけたら、ぜひお試しを。夏にピッタリ、みょうがにピッタリです。こちらはシューロカレという造り手のもの。

## 春菊とミックスグリーン、オレンジのサラダ {salad 〔サラダ〕}

春菊は鍋の材料というイメージですが、葉の柔らかいところを
サラダにしたらとてもおいしい。ターサイなどの中国野菜もおすすめ。
オレンジの甘みと合わせてどうぞ。

### ingredients

- ミックスグリーン……1袋（1カップ分）
- 春菊（葉の部分）……1/2わ分
- オレンジ……1個（薄皮をむく）
- E.V. オリーブオイル……大さじ2
- オレンジの汁……大さじ1
- 塩……小さじ1/3
- マヨネーズ……小さじ1
- マスタード……小さじ1
- 砂糖……小さじ1/2

### recipe

1) 春菊は茎から葉だけを取り、ミックスグリーンと一緒に洗って水けをきっておく。

2) ボウルにE.V. オリーブオイル、オレンジの汁、塩、マヨネーズ、マスタード、砂糖を入れて混ぜ、オレンジを入れ、その上にミックスグリーンと春菊をのせペーパータオルをかけて冷蔵庫でスタンバイしておく。葉っぱ類をドレッシングに混ぜないようにすれば、2〜3時間前に準備しても大丈夫。

3) 食べる直前に混ぜ合わせて盛りつける。

SYRAH

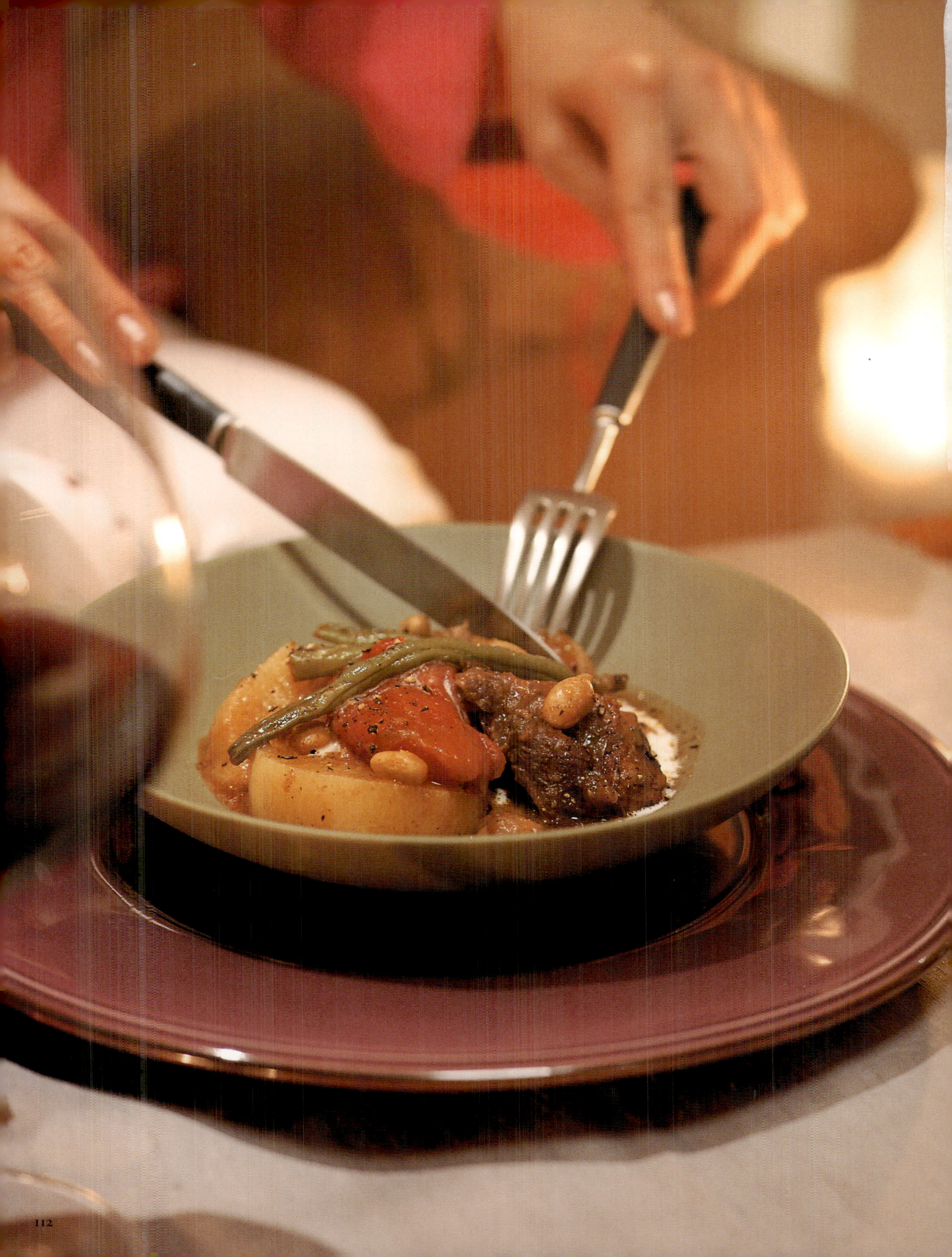

## main dish {メイン}
# スペアリブと大根のスパイス煮

シラーには少し素朴でスパイシーな料理が合うように思います。今日の煮込みには大根と大豆、そしてカレー粉なども混ぜてみました。鶏の骨付きももで作ってもおいしいですよ。

### ingredients

骨付きスペアリブ……800g
玉ねぎ……1個（薄切り）
にんにく……1かけ（薄切り）
バルサミコ酢……大さじ2（なければすし酢大さじ2）
水……1.5カップ
赤ワイン……1/2カップ（水でもよい）
薄力粉……大さじ2
カレー粉……小さじ2
グランマサラ（あれば）……小さじ1
オリーブオイル……大さじ1
コンソメの素……1個
塩……小さじ1.5
ベイリーフ……3枚
大根……10cmほど（350gほど。レンジで8分加熱）
いんげん……50〜60g（彩りに）
トマト缶詰……1缶（400g）
大豆缶詰……1缶（200g）
あれば生クリーム……少々
塩、こしょう各……少々

### WITH
E・ギガル コート・デュ・ローヌ ルージュ
シラー／フランス
e.guigal

開けてしばらくたって本領を発揮してくるワイン。だんだんスパイシーな深みが増してきます。なかには砂漠のラバのように飲む人も……、コルクは事前に開けておいたほうが最初からおいしさを楽しめるでしょう。夏は少し冷やしていただくのもおすすめです。

### recipe

**1）** 玉ねぎは耐熱タッパーに入れ、レンジで7分加熱して甘みを出す。ラップに包んでもよい。

**2）** 圧力鍋か普通の鍋にスペアリブ、1の玉ねぎ、にんにく、酢、水、赤ワインを入れ、肉が柔らかくなるまで煮る。圧力鍋なら沸騰してから弱火（シチュー用の圧）で25分ほど。急冷する必要はない。肉が柔らかくなる前に塩などを入れると肉がかたくなるので、ここではほとんど調味料は入れない。普通の鍋なら2〜3時間煮る。この間に大根を耐熱タッパーに入れ8分加熱しておく。竹串が通るくらい。

**3）** レンジでスパイスルーを作る。マグカップに薄力粉、カレー粉、グランマサラ、オリーブオイルを入れスプーンでかき混ぜてからレンジで1分半加熱しておく。

**4）** 圧が抜けたらふたをあけ、肉が柔らかくなっていたら、3のスパイスルー、コンソメの素、塩、ベイリーフ、大根、いんげん、トマト缶（つぶさない）、大豆を入れ、さらに味をつけるために弱火で15〜20分ほど煮る。大根によっては水が出てくるので塩を足し、味を調整する。

**5）** おいしくいただくポイントは一度さますこと。煮込んでいる間に素材から出てしまった旨みが具に戻るため、急ぐときは冷水で鍋ごと冷やしてから温めなおすとよい。多めに作って冷凍しておいても便利。盛りつけるときは1人ずつでもよいが、大皿に盛りつけると豪華。

### MUSIC
JOHN COLTRANE
Ballade

ジョン・コルトレーン『バラード』
コルトレーンのテナーサックスは、ググッと胸に響きます。特に一番最初の「Say it」。ともに演奏するマッコイ・タイナーのピアノもすばらしい。「ジョン・コルトレーン＆ジョニー・ハートマン」の「My One and Only Love」もぜひ。ため息が出ます。

SYRAH 113

## しょうがプリン *dessert* 〘デザート〙

スパイシーなお肉のあとにしょうがプリンは最高です。
でも本場香港風は温度調節と素材選びが難しい。なのでゼラチンで固めてみました。
しょうが汁を熱くしておくことがポイント。そのまま入れるとゼラチンが固まりません。
また倍量で作ったりしても失敗します。この分量で作ってみてください。
ウーロン茶やジャスミン茶とどうぞ。

### ingredients

しょうがの絞り汁……大さじ3
（すったものを必ずペーパータオルにくるみ、汁だけを絞り出す）

グラニュー糖……大さじ3

はちみつ……小さじ2

温め用牛乳……100cc

板ゼラチン……4.5g
（1.5gのものなら3枚ほど。水にふやかしておく）

冷たい牛乳……300cc

飾り用のくこの実（あれば）……少々

### recipe

1) まず耐熱タッパー（玉ねぎを下ごしらえしたようなタッパーは臭いがついていてだめです。確かめましょう）にしょうが汁を入れ、レンジで40秒ほど加熱する。そこにグラニュー糖とはちみつを入れて溶かし、牛乳100ccを入れ、かき混ぜたらさらにレンジで1分加熱する。

2) ふやかしたゼラチンを1のタッパに入れてよくかき混ぜる。

3) 2に冷たい牛乳を入れてかき混ぜる。

4) ガラスの器などに入れて固まらせる。あればくこの実をのせると紅白がきれい。

NOW...ARE YOU READY FOR **ITALIAN REDS?**

ITALIAN REDS 115

ワイン生産量世界一で栽培品種が膨大。ぶどうの生命力を感じる国イタリア。そのイタリアの中からおいしいワインを探すのは宝探しのようなものです。今回はゴソゴソゆっくりやっていられませんから、あの縦長い国を皆さまといっしょに旅したいと思います。北のピエモンテ州から南下するか、南のシチリア州から北上するか迷いましたが、南から出発することにしました。物価の安い南のシチリアから入国して、まずは手軽なワインを味わっていただきたいのです。以下、勝手に企画したトラベル・リカの旅程表です。行く州・味見するワイン・滞在地と食事内容が書いてあります。

**1●成田発✈イタリア・シチリア州着**。豊かな果実味と深い甘みが日本人に合うネロ・ダヴォラ種を味見。午後から映画『グランブルー』の舞台、タオルミーナに移動。海を眺めながら白ワインでいかのフライとにんにくと唐辛子のパスタ、少し冷やしたネロ・ダヴォラで仔羊の炭火焼きを。

**2●アブルッツォ州**へ。ソフトな口当たりで風味あるモンテプルチアーノ種を味見。州都ラクィラに宿泊。路地裏の小さなトラットリアにて食事。白ワインで手打ちパスタのピリ辛トマトソースを、モンテプルチアーノ・ダブルッツォで豚のローストを。レストランの歌好きおやじさんのカンツォーネを聴きながらの食事となるかも。

**3●トスカーナ州**へ。まずは、フィレンツェ県とシエナ県の間に広がる有名なキャンティ地区を訪問。さわやかな酸味、淡いルビー色が特徴のサンジョベーゼ種を味見。昼は「塔の街」サン・ジミニャーノにて白ワインと豆と野菜のスープ、生ハムを。午後から南下してシエナ県のモンテプルチアーノ村とモンタルチーノ村を訪問。ここでは、少しお金をかけて、サンジョベーゼの兄弟品種でこくのあるロッソ・ディ・モンタルチーノ、ブルネッロ・ディ・モンタルチーノを味見。夕食はアグリツーリズモ（農家が営む施設）に宿泊し、宿のおばさんの手料理をいただく。ゆでたパスタにペコリーノロマーノチーズをかけたもの、赤身で有名なキアーナ渓谷牛・Tボーンステーキの炭火焼き、朝採り野菜のサラダ。ワインは奮発してブルネッロにトライ。

**4●ヴェネト州**はロミオとジュリエットの舞台として有名なヴェローナ県へ。柔らかいタンニンとほどよい酸味が特徴のヴァルポリチェッラを味見。グリンピース入りのリゾットと鶏肉にこくをプラスしたようなほろほろ鳥のローストで軽くランチ。午後からヴェニスに移動して夕暮れの水辺をゴンドラ遊覧後、レストランにてシーフード・ディナー。

**5●最終目的地ピエモンテ州**へ。バローロ、バルバレスコ地区にて酸味と渋みが調和した力強いネッビオーロ種を味見（値段も力強い）。アルバ地区やアスティ地区に移動して少し手軽で求めやすいバルベーラ種、ドルチェット種にトライ。明日の帰国に向けてトリノに移動。チーズのリゾットと仔牛＆ポルチーニ茸のソテー、ワインはせっかくなので王様バローロを。

**●トリノ発✈帰国の途に**。すでにワインの名前をお忘れの人。お手頃ワインキーワードはシチリア州ネロ・ダヴォラ種／アブルッツォ州モンテプルチアーノ種／トスカーナ州キャンティ地区・サンジョベーゼ種／ヴェネト州ヴァルポリチェッラ種です。まずはこの中からトライして少しずつ宝探しを始めてみるというのはいかがでしょう？　探すのにエネルギーは使います。でも飲むとエネルギーをもらえる。それがイタリアワインです。長旅お疲れ様でしたあ〜！　いやあ、おうちに帰ったらやっぱりおにぎりとみそ汁かなあ？

# ITALIAN REDS

## イタリアの赤
## エネルギッシュな赤

The Energetic Red

## MENU

**appetizer** {前菜} **& sparkling**
### まぐろと生ハムのカルパッチョ
with ボッテガ／プロセッコ ブリュット／ヴェネト州

**pasta** {パスタ} **& red**
### 葉物野菜のベーコンクリームパスタ
with ♣ ファルネーゼ／モンテプルチアーノ・ダブルッツオ／アブルッツオ州

**salad** {サラダ}
### イタリアンパセリとサニーレタス、洋なしのサラダ

**main dish** {メイン} **& red**
### 牛すね肉の赤ワイン煮
with ♣ フェオット・デロ・ヤト／ネロ・ダヴォラとサンジョベーゼ／シチリア州

**dessert** {デザート} **& sparkling**
### チョコレートムース
with サンテロ ヴィッラ・ヨランダ カーヴド・ボトル／アスティ・スプマンテ／ピエモンテ州

## 準備すること

[前日]
- 牛すね肉の赤ワイン煮を作っておく。
  できれば3日くらい前に作ったほうがおいしい。
- チョコレートムースを作っておく（当日朝でもよい）。

[当日]
- サラダの準備をして冷蔵庫に
  野菜を入れておく。
- パスタソースの準備をしてレンジに
  スタンバイしておく。
- パスタ用の湯と塩を入れコンロに
  用意しておき、ソースも耐熱ボウルに
  スタンバイしておく。
- まぐろのカルパッチョを仕上げ寸前まで
  作って、冷蔵庫に入れておく。
- 使う器を選んでテーブルセッティングをしておく。

## appetizer {前菜}
# まぐろと生ハムのカルパッチョ

**イ**タリアに行くと超薄切りのペラペラ牛肉の上に
いろいろのせて前菜のカルパッチョとして出てきます。
牛肉のかわりに本日はまぐろで。
白身の刺身で同じように作ってもいいし、
モッツァレーラチーズをのせてもおいしい。

**WITH**
ボッテガ／プロセッコ ブリュット／ヴェネト州

*bottega prosecco*

水の都ヴェニスがあるヴェネト州では、プロセッコという
品種を用いてスプマンテが作られています。
甘口から辛口まであります
が、辛口（ブリュット）と
いっても果実味があり、値段もリーズナブル。
パーティーのオープニングにおすすめです。

### ingredients

- 刺身用まぐろ……1人3切れほど（さくでもよい）
- おろしにんにく……小さじ1/4（好みで）
- 生ハム……コンビニで売っているような小さいものなら5枚、
  ……大きいものなら3枚
- E.V. オリーブオイル……大さじ2
- ルッコラ……少々（水菜やイタリアンパセリでもよい）
- フレッシュパルメザンチーズまたはペコリーノロマーノ……適宜
  （モッツァレーラチーズと組み合わせてもよい）
- 塩、こしょう……各適宜
- あればピンクペッパー……少々

### recipe

1) 刺身を2cmずつの間隔をおいて2枚のラップに挟み
ワインの空ボトルやすりこ木でたたいて倍の大きさに広げる。

2) 指先ににんにくをつけ、隠し味に少量ずつつける。

3) 塩、こしょうをする。生ハムやチーズの
塩けもあるので、少なめに。

4) E.V. オリーブオイル大さじ1を回しかける。

5) 上に生ハムをちぎってのせる。

6) フレッシュパルメザンチーズをピーラーで削ってのせ、
彩りにルッコラをのせて、E.V. オリーブオイル大さじ1を回しかける。
あればピンクペッパーなどをつぶしながらふりかけるとよりきれい。

## ファルネーゼ／モンテプルチアーノ・ダブルッツォ／アブルッツォ州

*farnese*

リーズナブルでおいしいワインを提供してくれる庶民の味方・アブルッツォ州。こちらのモンテプルチアーノに酸味も渋みも柔らかで、開けてすぐでも飲みやすいですよ。ファルネーゼの白もとてもおいしい。

## pasta {パスタ}

# 葉物野菜のベーコンクリームパスタ

今回は苦みがおいしいラディキオでご紹介ですが、チコリ（アンディーブ）やキャベツ、青梗菜、ほうれんそう、春菊や水菜でもおいしい。クリームチーズを入れることによって風味が出ます。季節の葉物でお試しを。

### ingredients

フェトチーネ……200g（1.9mmのパスタなら240g）
生クリーム……1/2カップ
ベーコン……1枚（5mmの細切り）
クリームチーズ……40g
牛乳……1/4カップ
おろしにんにく……小さじ1/4
塩……小さじ1/2
中華スープの素……小さじ1/4
仕上げのパルミジャーノチーズ……少々
こしょう……少々
ラディキオ（葉の柔らかいところ）
　……両手いっぱい（食べやすい大きさに切る）
あれば彩りにイタリアンパセリやパセリなど
パスタをゆでる水と塩（水12カップに対して塩大さじ2）

### recipe

1）耐熱ボウルまたは器に生クリーム、ベーコン、クリームチーズ、牛乳、にんにく、塩、中華スープの素を入れて、レンジの中にスタンバイ。

2）パスタがゆで上がる前にソースはレンジで3分半加熱してスプーンで混ぜておく。

3）パスタは表示より1分ほど短めにゆで、鍋に湯を残したままトングでつかんでざるにあげてかたさを確かめる。野菜は湯がいてしんなりさせる。キャベツのかたいところなどはパスタのゆで上がる直前からいっしょにゆでるとよいが、ラディキオなどはくぐらせる程度でよい。

4）野菜とパスタを耐熱器の中に入れてトングでソースとからませる。パルミジャーノチーズ、こしょうをかけていただく。あればイタリアンパセリなど彩りに。

## salad {サラダ}

# イタリアンパセリとサニーレタス、洋なしのサラダ

イタリアンパセリは飾りというイメージですが、サラダにしてもおいしい素材です。シャンツァイと組み合わせてもおいしい。

### ingredients

イタリアンパセリの葉の部分……1パック分
（セロリの葉などもおいしい）
サニーレタスまたは好みのグリーン……両手いっぱい
洋なし……1/2個
E.V.オリーブオイル……大さじ2
白ワインビネガー……大さじ1
塩……小さじ1/3
黒こしょう……適宜
はちみつ……小さじ1/3

### recipe

1）野菜は洗って水きりし、ボウルに入れて冷蔵庫に入れておく。ラップをしないでおくと乾燥してパリッとする。

2）食べる直前にあえる。まずE.V.オリーブオイルを入れて野菜と洋なしをさっとあえ、そこに白ワインビネガー、塩、黒こしょう、はちみつを入れ、混ぜてでき上がり。

ITALIAN REDS 121

MUSIC

**SONNY ROLLINS**
Saxophone colossus

WITH

フエオット・デロ・ヤト／ネロ・ダヴォラ＆サンジョベーゼ／シチリア州

feotto dello jato

**ソニー・ロリンズ
「サキソフォン・コロッサス」**
ロリンズの低音テナーサックスを聴くと、赤ワインとともに椅子に沈んでそのまま立ち上がりたくなくなります。深い音のなかに時に軽さを、時に重さを感じ、それは様々なイタリアの赤ワインを味見しているかのよう。

シチリア州では果実味あるネロ・ダヴォラ種が有名ですが、こちらは酸味が特徴のサンジョベーゼとブレンドされてバランスがいい。私はイタリアの中でもシチリア料理やワインが大好きです。

**main dish** {メイン}
# 牛すね肉の赤ワイン煮

## main dish {メイン}
# 牛すね肉の赤ワイン煮

父がいつも作ってくれる牛ばら肉の赤ワイン煮のレシピを簡略化し、すね肉で作ってみました。理由は値段も手頃だし「肉!」って感じが赤ワインに合うから。手間は同じなので、作るときは倍量作り、1回分ずつ小分けして冷凍すると便利です。ばら肉の脂身を楽しむならピエモンテ州のワインもおすすめ。

### ingredients

牛すね肉シチュー用（ばら肉、高級すね肉もよい）……600g
●鍋でコトコト煮るならばら肉を固まりのまま作るとよい。
赤ワイン……1/2カップ
玉ねぎ……大1個
トマト……大1個（中くらいなら2個。粗切り）
砂糖……小さじ1
オリーブオイル……大さじ2
塩……小さじ1/2
こしょう……少々
薄力粉……大さじ1
にんにく……1かけ（薄切り）
水……4カップ
コンソメの素……2個
塩、こしょう……各適宜
付け合わせのじゃが芋……4個
仕上げのE.V.オリーブオイル……少々
仕上げにあればパセリ……少々

ワインが空気にふれれば酸化して熟成が進み
まろやかになります。デキャンタもいいけど、コルクを早めに抜いたり、
大きめのグラスに注ぐ、またはデキャンティング・ポアラー
という道具を使っても効果はあります。

recipe

1) 牛肉をバットかビニール袋に入れ、ワインを注いで
室温でマリネする。ワインが肉にしみ込み、柔らかくなる。
最低1時間はマリネしておく。

2) 玉ねぎはみじん切りにして、耐熱タッパーかラップに包み
電子レンジで8分加熱し、大きな鍋に移す。

3) トマトの粗切りに砂糖を加えて（同じタッパーでよい）、今度
はふたをせずに8分加熱する。水分がとびうまみが凝縮される。

4) 2の鍋にオリーブオイル大さじ1を入れ、
木べらでこそぎ混ぜながら弱火で15分炒める。
すでにレンジ調理で水分がとんでいるので、
こまめにかき混ぜないと焦げつく。

5) マリネした肉の水分をペーパータオルでふき取り、
塩、こしょうをして、薄力粉をまぶす。
フライパンを強火で熱したらオリーブオイルを大さじ1入れて、
肉の表面に焦げ目をつける。表2分、裏1分くらい焼く。

6) 肉を4の鍋に移し、にんにく、水、3のトマト、
マリネで残ったワインを入れて肉が柔らかくなるまでコトコト煮る。
圧力鍋を使うと便利。圧力鍋で、沸騰したらすね肉なら弱火で
（シチュー用の圧）25分、高級すね肉で脂があるものなら15分、
ばら肉などは10分ほど煮て、様子をみる。
圧が自然に抜けるまで待つ。ふたを開けてみて、
肉がかたいようなら、5分ほどさらに圧を加えて加熱するとよい。

圧力鍋を使わない場合、肉にもよるが3〜5時間かかる。
水分が足りなくなってきたら水を足して煮ていく。

7) 肉が柔らかくなってからコンソメを入れて、
15〜20分弱火で煮る。先に入れると肉がかたくなりがち。

8) 塩、こしょうで味を調整する。
ほぐれて形はしっかりしていない状態だが、すね肉は
これくらいが味がしみておいしい。ばら肉、高級すね肉の
ときは形を残したほうがきれいなので時間を短めに。

9) その日すぐに食べるなら、水をはった大きなボウルに、
鍋ごと入れてシチューをさましておく。この間に
肉にうまみが戻る。3日くらいたってからのほうがおいしい。

## 付け合わせ用のじゃが芋

recipe

じゃが芋はラップに包み、レンジで加熱する。
1個に対して3分くらい。泥のついたままレンジにかけ、
柔らかくなってから水でさっと洗いながら皮をむく。
厚めの輪切りにし、塩、E.V.オリーブオイルをかける。
肉とともに盛りつけ、最後にあればイタリアンパセリか
パセリをかけるときれい。

## dessert {デザート}

# チョコレートムース

コンビニで買える材料で、高級感のあるチョコレートムースはいかがでしょう？ まずは市販のビスコッティと甘口スプマンテで第一のデザート。ムースにエスプレッソで第二のデザート。しあわせな気分になれます。なお、電動ミキサーがない人は、ちょっと作るのが大変かも。

**WITH**
サンテロ ヴィッラ・ヨランダ カーヴド・ボトル／アスティ・スプマンテ／ピエモンテ州

santero villa jolanda

ピエモンテ州アスティ地区のスプマンテ（スパークリング）の一つ。甘口のモスカート種でデザートにぴったり。ビスコッティという、かたい小さなナッツ入りビスケットと合います。同じサンテロ社の「天使のアスティ」なら小さなボトルもあるので、気楽にトライを。ちなみにアスティ地区＝甘いわけではありません。ピノ・シャルドネ種などない辛口も。アスティと書いてあったらラベルの裏を見て甘口か辛口か品種で判断しましょう。アスティ・辛口スプマンテもおすすめ！

### ingredients

板チョコレート70ｇのもの……2枚
（ミルクチョコレートでもよいが、ブラックは大人好み）
バター……30ｇ
卵白……3個分
卵黄……2個分
グラニュー糖……大さじ3
生クリーム……大さじ4

### recipe

1) 耐熱ボウル1つ、ボウル大中小各1つ、電動ミキサー、泡立て器を用意する。耐熱ボウルまたは大きめの丼に砕いたチョコレートとバターを入れて2分半レンジで加熱する。

2) 1をスプーンでよくかき混ぜる。100回くらい。つやつやになる。

3) 大きいボウルに卵白を入れ、大さじ2のグラニュー糖を2回に分けて入れながら電動ミキサーでメレンゲを作る。10分ほど泡立てる。ここでかたいメレンゲを作っておかないと、シュワシュワ感がなくなる。

4) 中くらいのボウルに卵黄とグラニュー糖大さじ1を入れ、電動ミキサーで4分ほど泡立てる。もったりした感じまで。このとき卵白を泡立てる時に使った泡立て器を洗う必要はない。卵黄が卵白に入るとしぼんでしまうが、卵白が卵黄に入ってもしぼまない。

5) 小さいボウルに生クリームを入れ、もったりした感じになるまで泡立て器で30秒ほど泡立てる。重くなったらストップ。

6) 2に5の生クリームを入れ、泡立て器で混ぜ合わせる。次に4の卵黄を入れて混ぜ合わせ、最後に3のメレンゲを2回に分けて、入れて混ぜる。白いところが残らないようにする。冷蔵庫で3時間以上ねかせてから出す。

●チョコレートはにおいを吸収しやすいので、きれいな容器に入れて必ずふたをする。

ITALIAN REDS 127

# テンプラニーリョ
## バランスの赤
The Balanced Red

**テ**ンプラニーリョはスペイン・リオハ地方に代表される赤ワインのぶどう品種です。濃い赤い色、果実っぽさのなかに洗練されたバランスが特徴で、リーズナブルな価格のわりに味わい深く、ボルドーの程よい重みと、ブルゴーニュの酸味の中間なようなワインを見つけることができます。「ワインはフランスかイタリアだ」勝手に思い込んでいた私に、ガツンと一発「そうじゃなかろーが！」（なぜかスペイン語は博多弁のように聞こえる）と最初に発言した品種でもあります。

**私**が短期間、バルセロナに留学している時に出会ったスペインっ子は、あまり難しいことを言いません。「飲んでおいしけりゃよかろーが。何と合わせるとか考えんでよかとー」何でもかんでもシェリーで飲むという人もいれば、俺はカタルーニャ出身（バルセロナがある州）だから牛のマスコットがついている地元産ワイン以外ワインと認めないと言う人もいる。なかでも、バルという立ち飲み屋で出会ったおじさんの話は印象的でした。ワインをグビッと飲みながら彼は語ります。「人生なんて単純たい」(La vida es simple)「働いて嫌なことがあっても、毎日立ち寄れるバルがあって、おいしい地酒があって、凶暴な奥さんの悪口を聞いてくれる仲間がいれば、それでよかとー」スペイン語は半分もわかっていない私を相手に話は続きます。「人生なんてね、難しく考えんでよかとー。愚痴を言って気持ちよく忘れられたらそれでよかろうもん」ふとカウンターを見渡すと、確かに周りは愚痴を言っている人がたくさんいそうであり、またそれを半ば居眠りしながら聞いている人もいるような気がします。じつは酔っ払わないと話しかけてこないシャイなスペインっ子たち。なかにはワインやシェリーの力で心が開き、口もなめらかになると、今度は相手が自分を理解しようがしまいが、そんなことはおかまいなしに話を進めていく人もいるのでしょう。おじさんも話したいことだけ話すと「じゃーなー」と手を振って帰っていきます。最後に「その酒は俺のおごり。楽しく過ごしんしゃい」とかっこいい台詞を残して。一方的に話しかけ、一方的に去っていったおじさん。不思議な気もしたけど、心に残る楽しい夕暮れでした。

**T**
**E**
**M**
**P**
**R**
**A**
**N**
**I**
**L**
**L**
**O**

**テ**ンプラニーリョがブレンドされ、作り上げられた赤ワインには、スペインっ子の勝手気ままを受け入れる大らかさがあるような気がします。相手に主張があれば、こちらは控えなくてはなりません。でもグラスに入ったテンプラニーリョには、飲む人を裏切らない、いろんな話を受け入れてくれるような柔らかさがあるのです。

この品種がブレンドされたワインには、素朴な肉料理がよく合います。例えば、本日のメインに紹介するようなローストチキン。塩、こしょうで焼いたラムや豚肉。豆やじゃが芋といっしょに煮たスペアリブ。暑い日はちょっと冷やして、大きめのグラスに注いでみましょう。時間をおくことしばし。そのグラスからは、どこか懐かしく、優しい香りが立ち上ってくるはずです。

## MENU

**appetizer** {前菜} **& sparkling**
とうもろこしのムース
with クリスタリーノ・ブリュット／
カヴァ／スペイン

**pasta** {パスタ} **& white**
ハーフドライきのこのパスタ
with トーレス／サングレ・デ・トロ 白／スペイン

**salad** {サラダ} **& sparkling**
ミックスグリーン、
　みょうが、しらすのサラダ
with マテウス ロゼ／微発泡ロゼ／ポルトガル

**main dish** {メイン} **& red**
一夜漬けチキンのロースト
with ♣ ウガルテ・リオハ／
テンプラニーリョ／スペイン

**dessert** {デザート}
大人のブラウニー
with エスプレッソ

## appetizer【前菜】
## とうもろこしのムース

### 準備すること

[前日]
- デザートのブラウニーを焼く。
- オーブンで焼いている間に一夜漬けチキンをマリネして。パスタ用のきのこを切って冷蔵庫に入れる。
  デザートは当日作ってもよいが、チキンは半日以上マリネしたほうがおいしいので、当日の場合は朝早めに始めること。

[当日]
- 前菜を作って冷やしておく。
- マッシュポテトを作る。常温で置いておく
- サラダ用の野菜を洗って水けを切り、お客様がみえる前にボウルにサラダの準備をして冷蔵庫に入れておくとよい
- パスタをゆでるための湯、材料も準備してスタンバイ。
- エスプレッソを入れるなら準備をしておく。
- チキンは焼くのに50分ほどかかるので、前菜をサーブしたら焼き始める。
- 使う器を選んでテーブルセッティングをしておく。

グラスに入れて冷やせば、そのままお客様に出すことができます。耐熱タッパーに入れたまま冷やしたなら、スプーンですくって盛りつけてみましょう。豪華にいくなら、うにをのせても、とてもおいしい。

### ingredients

とうもろこしの粒……1/2カップ
（ゆでたもの1/2本を包丁でそぐ。なければ缶詰の粒コーンでよい）

牛乳……1/2カップ

板ゼラチン……約4g（1枚1.5gの板ゼラチンなら2枚半）

塩……小さじ1/2

砂糖……小さじ1/2

生クリーム……1/4カップ

卵……1個（フォークでかき混ぜておく）

仕上げの生クリーム、E.V.オリーブオイル、塩……各少々

あれば飾り用のディル……少々

### recipe

1) 板ゼラチンは水に浸しておく。

2) とうもろこしと牛乳はミキサーにかけて5秒ほど攪拌する。

3) 2を耐熱タッパーに入れ、レンジで1分半加熱する。

4) 3に柔らかくなった板ゼラチン、塩、砂糖を入れよくかき混ぜる。

5) 4に生クリームとよくかき混ぜた卵を加える。

6) グラスに入れて冷やすか、タッパーのまま冷やしてスプーンですくって盛りつける。仕上げの生クリーム、E.V.オリーブオイル、塩少々をふって飾りにディルをのせたらでき上がり。

**WITH** クリスタリーノ・ブリュット／カヴァ／スペイン

スペインのカヴァは、懐に優しく、奥が深い。細かく立ち上る泡、ほのかな甘い香りが甘いとうもろこしと合います。ぜひ、うにをのせたバージョンともお試しを。

cristalino brut

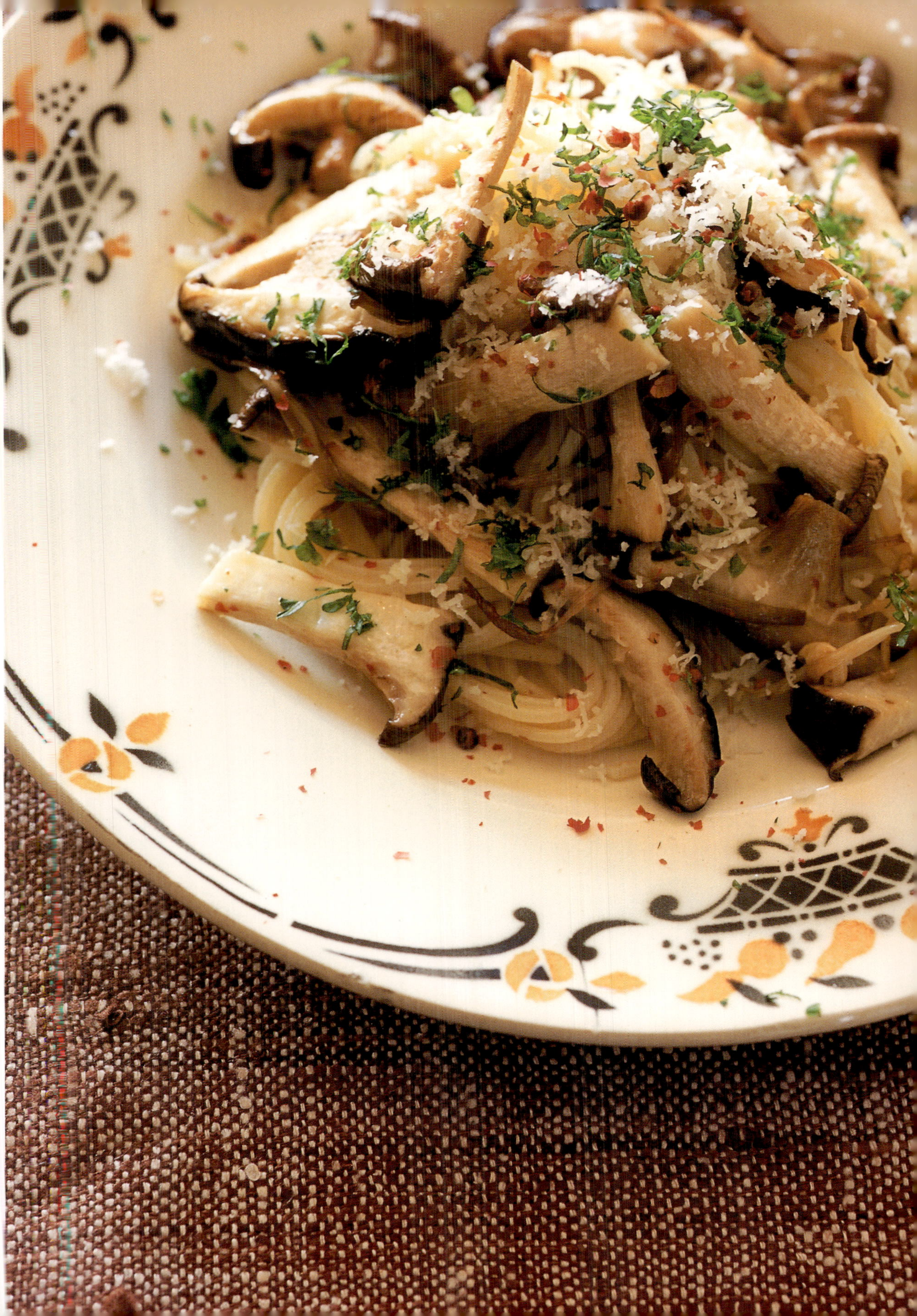

**WITH**
トーレス／サングレ・デ・トロ　白／スペイン

*sangre de toro*

スペインはカタルーニャ地方を代表するトーレス社のワイン。フレッシュでさわやかな飲み口にパスタや魚だけで、なく、和食にも合います。こちらの赤もおすすめです。

トーレス社のマスコットの牛君。スペインの国技闘牛のシンボルです。ちなみにトロは牡牛の意味。

### pasta {パスタ}

# ハーフドライきのこのパスタ

ある日、きのこのパスタを作ろうと冷蔵庫に入れたまま忘れてしまっていたえのきやしいたけがちょっとカラカラに。でももったいないからと使ってみたらこれがおいしかった。きのこのうまみが凝縮されます。

### ingredients

えのきだけ……1パック
しいたけ……1パック（6～8個）
エリンギ……1パック（まいたけ、しめじなど何でもよい）
オリーブオイル……大さじ2
にんにく……1かけ（薄切り）
唐辛子……1～2本（みじん切り）
中華スープの素……小さじ1/2
パスタ（1.4mm）……240g
あればパセリ……飾りに少々
E.V.オリーブオイル……大さじ1
塩、こしょう、あればピンクペッパーも……各適宜
あればフレッシュパルメザンチーズ
パスタをゆでる水と塩（水12カップに対して塩大さじ2）

### recipe

**1)** きのこは前日、または前々日から切って冷蔵庫にラップなしで入れておく。パスタ用の湯を沸かし、塩を入れる。

**2)** ソースはパスタをゆでている間に作ってもよいが、緊張する人はお客様がみえる前に作ってしまうことをおすすめ。フライパンににんにく、唐辛子、オリーブオイルを入れ、さっと炒める。そこにきのこを入れて炒める。最後に必ず火を止めて中華スープの素を入れて（焦げてしまうので）、食べる直前までスタンバイしておく。

**3)** 沸騰した湯にパスタを入れる。表示時間より1分短くタイマーをセット。少しかためのうちに引き上げることがポイント。

**4)** フライパンのソースはさっと温め、ゆで上がったパスタとフライパンのソースをからめ、E.V.オリーブオイルを入れて最後に塩、こしょうで味を調整してでき上がり。

**5)** 盛りつけるときは、パスタの上でフレッシュパルメザンチーズをすって、パセリ、ピンクペッパー、こしょうをふるとよい。

TEMPRANILLO 133

## WITH
マテウス ロゼ／微発泡ロゼ／ポルトガル

mateus rose

一般にサラダには酢が入っているためワインと合わないといわれますが、このサラダなら、マテウスロゼは私がワインを飲み始めた頃好んで飲んでいたもの。少し泡が入っていて、さっぱりしたロゼがぴったり。しかも安い！少し甘めのワインが

## MUSIC
**OSCAR PETERSON**
Plays George Gershwin

オスカー・ピーターソン
「オスカー・ピーターソン・プレイズ・ジョージ・ガーシュイン」

メロディだけでも楽しいガーシュインを、ピーターソンがピアノで弾いています。コロコロコロと鍵盤の上をまるで踊るように弾くピーターソン。軽く、明るい気分になる一枚です。

## salad〔サラダ〕
# ミックスグリーン、みょうが、しらすのサラダ

ドレッシングを作らなくてもいいから、超スピーディーなサラダです。

### ingredients
ミックスグリーン……3カップ分
（スーパーで売っているパック詰めか、好みのグリーンを合わせて）
みょうが……6個（縦のせん切り）
しらす……1/2カップ
E.V. オリーブオイル……大さじ2
塩……小さじ1/4
こしょう……少々
レモン汁……1/4個分

### recipe
1) ミックスグリーンは洗っておく。器の一番下に置く。

2) 1の上にみょうがとしらすをのせ、ラップをして食べる直前まで冷蔵庫で冷やしておく。

3) 食べる時は塩、E.V. オリーブオイル、こしょう、レモン汁をかけて混ぜていただく。しらすによって塩分が違うので、最後に塩味を調整しましょう。

TEMPRANILLO

### main dish {メイン}
## 一夜漬けチキンのロースト

**WITH**

ウガルテ・リオハ／テンプラニーリョ／スペイン

*ugarte rioja*

リーズナブル価格でおいしいテンプラニーリョ。こちらも見事なバランスです。ぜひ飲む20〜30分前にはコルクを開けておいて。味に深みが出ます。

## main dish〔メイン〕 一夜漬けチキンのロースト

このマリネ液には塩も含まれているのであとはつけて焼くだけ。
このまま冷凍しておけば、解凍して焼くだけだからこれまた便利です。
オーブンはそれぞれ個性があるから、40分して黄金色にならなかったら
さらに10分、また10分と、焼く時間を延ばしてみてください。
手羽肉で作ってもおいしい。

### ingredients

鶏もも骨付き肉……4本、大きければ3本
(なければもも肉でよいが、骨付きのほうがおいしい。
大きければ2等分に切る)
卵……1個
卵黄……1個分
オリーブオイル……100cc
粒マスタード……大さじ1
おろしにんにく……小さじ1
塩……小さじ2

### recipe

1) バットや大きめのタッパーに卵、卵黄、オリーブオイル、粒マスタード、おろしにんにく（これはフレッシュがよい。チューブならほんの少し)、塩を入れてかき混ぜ、もも肉をマリネする。全体にからめてから皮を下にしてマリネする。

2) お客様がみえる直前、天パンの上に網をのせ（かなり油が落ちる) その上に汁をきったもも肉をのせる。180度に熱したオーブンで40〜50分焼く。手羽肉なら30分ほどででき上がる。魚焼き用グリルで焼けば、あっという間。

## つけ合わせのマッシュポテト

ダイエット中の方。じゃが芋はレンジで加熱しただけのものにしましょう。
このレシピのマッシュポテトはバターがたっぷり入るからおいしい。
牛乳のかわりに生クリームを入れるとさらにおいしい。
フードプロセッサーで作るとねっとりしますが、さっぱりがお好みなら
ポテトマッシャーで作って。じゃが芋は熱いうちにつぶしましょう。
レシピの量は6人分くらい。半分の量にして作ってもいいでしょう。

### ingredients

じゃが芋……3〜4個（500gほど）
牛乳……100cc
バター……100g（1/2箱）
後から加える牛乳……100cc（または生クリーム100cc）
塩……小さじ3/4

### recipe

1) じゃが芋は洗わずにラップにくるみ（洗ってもよいがどうせ皮をむくので）13分ほどレンジで加熱して柔らかくする。熱いうちに水道水の下で水を流しながら皮をむく。

2) 牛乳はマグカップに入れ2分ほどレンジで加熱して熱いところにバターを入れて溶かす。

3) フードプロセッサーに熱々のじゃが芋と 2、塩を入れ、じゃが芋がつぶれるまで5秒ほど攪拌する。

4) ねっとりした状態のじゃが芋をボウルに取り出す。さらに牛乳を1分半ほど温めたものを（生クリームでも）熱いうちにじゃが芋と混ぜてでき上がり。

出すときはレンジで少し温める。熱くしすぎると
バターやクリームが溶けてしまう。常温のままでも十分おいしい。

## 大人のブラウニー
*dessert*〔デザート〕

ブラウニーといえば子供向きのお菓子ですが、ここまでリッチにしたら大人向けの一品になりました。ほんの少量出すようにしてください。2cm×4cmくらいでもう十分。余ったら冷凍しましょう。

### ingredients

板チョコ（ブラックチョコレート）……140g（2枚。ミルクチョコレートでもよい。うち1枚は溶かさないでチョコレートの食感を残す）
バター……100g（1/2箱）
グラニュー糖……1/2カップと大さじ2
くるみ……50gほど（製菓用に売っているもの1袋）
薄力粉……大さじ4
卵……2個（フォークで混ぜておく）
バニラエッセンス……2〜3滴
ウィスキー……大さじ3

［準備］
20cm×20cmくらいのバットにバター（分量外）を塗りクッキングシートを敷いて、ブラウニーを取り出しやすいようにしておく。円形のケーキ型で作ってもよい。

### recipe

1) 耐熱ボウルか丼にチョコレート1枚とバターを入れ、レンジで1分半ほど加熱して溶かす。泡立て器などでよく混ぜる。グラニュー糖も入れ混ぜておく。

2) くるみは少し砕いてホイルの上にのせ、180度のオーブンで8〜10分またはトースターで3〜4分焼く。

3) バットの上に焼いたくるみ、砕いた板チョコ1枚分をのせておく。

4) 1に溶き卵、バニラエッセンス、薄力粉を入れしゃもじなどでよく混ぜる。

5) 3のバットに4を流し込み180度のオーブンで20分ほど焼く。

6) 中はまだねっとりしているが、やがて半生状態になるので気にしない。上からウィスキーをふりかけてでき上がり。お酒の弱い方はかけずに。

TEMPRANILLO

# RECOMMENDED WINES
品種別おすすめワイン

## シャルドネ　　CHARDONNAY

| カリテラ シャルドネ | カテナ・アラモス シャルドネ | ストーン・セラーズ シャルドネ | トレヴァー・ジョーンズ シャルドネ | ドメーヌ・デュ・シャルドネ |
|---|---|---|---|---|
| チリ／A | アルゼンチン／B | カリフォルニア／A | オーストラリア／B | フランス／A |

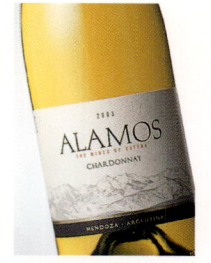

## ソーヴィニヨン・ブラン　　SAUVIGNON BLANC

| ロス・ヴァスコス ソーヴィニヨン・ブラン | ケーペル・ヴェール ソーヴィニヨン・ブラン | ヴィラ・マリア プライベート・ビン ソーヴィニヨン・ブラン | トートワーズ・クリーク ソーヴィニヨン・ブラン | アンリ・ブルジョワ プティ・ブルジョワ |
|---|---|---|---|---|
| チリ／B | オーストラリア／A | ニュージーランド／B | フランス／A | フランス／B |

## リースリング　　RIESLING
●ドイツ辛口ならトロッケン、やや甘口ならハルプトロッケンを。ドイツはやや甘口をご紹介

| カール・エルベス家 ユルツィガー ヴェルツガルテン QbA　ドイツ／B | アルフレッド・ボンネット家 フリーデルスハイマー シュロスガルテン　ドイツ／B | エミリッヒ・シェーンレバー家 モンツィンガー リースリング QbA ハルプトロッケン ドイツ／B | ハインツ・ワグナー博士 ザールブルガー・ラウシュ QbA ハルプトロッケン　ドイツ／B | カリー・マールボロ 辛口／ニュージーランド／B |
|---|---|---|---|---|

## イタリア白　　ITALIAN WHITES

| ファルネーゼ トレッピアーノ・ダブルッツォ | フォンタナ・カンディダ フラスカーティ・スーペリオーレ | ウマニロンキ カサル・ディ・セッラ ヴェルディッキオ | ピエロパン ソアーヴェ・クラシコ | アテムス ピノ・グリージョ |
|---|---|---|---|---|
| アブルッツォ州／A | ラツィオ州／A | マルケ州／A | ヴェネト州／B | フリウリ州／B |

詳しく調べるにはネットで太字部分を検索サイトの欄に入力してください。例えばリースリングなら、まずはモンツィンガー リースリング QbA ハルプトロッケンでお試しを。
価格はお店によって違います。目安をA1,000〜1,500円、B1,500〜2,000円前後としています。

## スパークリング　　　　　　　　　　　　　　　　　　　　　　　　　　　　　　SPARKLING

**ロジャー・グラート セミ・セッコ**
スペイン／B

**ヴァスコ・ダ・ガマ ブリュット**
ポルトガル／A

**メゾン・ギノー クレマン・ド・リムー ブリュット・アンペリアル**
フランス／B

**サチェット プロセッコ エクストラドライ**
イタリア／A

**ジェイコブス・クリーク ロゼ**
オーストラリア／B

## カベルネ・ソーヴィニヨン　　　　　　　　　　　　　　　　　　　　　CABERNET SAUVIGNON

**ロス・ヴァスコス カベルネ・ソーヴィニヨン**
チリ／A

**トラピチェ オークカスク カベルネ・ソーヴィニヨン**
アルゼンチン／A

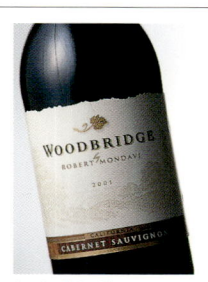

**ウッドブリッジ カベルネ・ソーヴィニヨン**
カリフォルニア／A

**ボーランド・セラー カベルネ・ソーヴィニヨン**
南アフリカ／A

**ムートン・カデ ルージュ**
フランス／A

## メルロー　　　　　　　　　　　　　　　　　　　　　　　　　　　　　　　　　MERLOT

**ボデガ・ノートン メルロー**
チリ／B

**バロン・フィリップ・ド・ロッチルド マイポ・ヴァレー メルロー**
チリ／B

**ベルアーバー メルロー**
カリフォルニア／A

**クズマーノ メルロー**
イタリア・シチリア州／A

**シャトー・グリヴィエール**
フランス／B

## ピノ・ノワール　　　　　　　　　　　　　　　　　　　　　　　　　　　　PINOT NOIR

**アナケナ ピノ・ノワール**
チリ／A

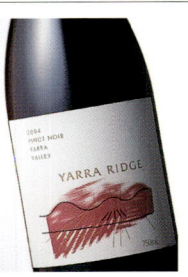

**ヤラ・リッジ ピノ・ノワール**
オーストラリア／B

**ウィンダム・エステート BIN 333 ピノ・ノワール**
オーストラリア／B

**ブシャール・ペール・エ・フィス ブルゴーニュ ピノ・ノワール ラ・ヴィニェ**
フランス／B

**ロブレ・モノ ブルゴーニュ・ピノ・ノワール**
フランス／B

# RECOMMENDED WINES
品種別おすすめワイン

## シラー　　　　　　　　　　　　　　　　　　　　　　　　　　　SYRAH

**ペンフォールド クヌンガ・ヒル**
オーストラリア／B

**JJ. マクウィリアム シラーズ・カベルネ**
オーストラリア／A

**ドメーヌ・サンタデュック エリタージュ2004**
フランス／A

**ラ・キュベ・ミティーク ルージュ**
フランス／A

**ココ赤ワイン2005 ココ・ファーム・ワイナリー**
日本／A

## イタリア赤　　　　　　　　　　　　　　　　　　　　　　　ITALIAN REDS

**モルガンテ ネロ・ダヴォラ**
シチリア州／B

**ウマニロンキ ヨーリオ モンテプルチアーノ・ダブルッツォ**
アブルッツォ州／B

**ジェオグラフィコ キャンティ・コッリ・セネージ**
トスカーナ州／A

**テヌータ・サンアントニオ ヴァルポリチェッラ**
ヴェネト州／A

**トリンケーロ バルベーラ・ダスティ**
ピエモンテ州／B

## テンプラリーニョ　●全てスペイン　　　　　　　　　　　　　TEMPRANILLO

**ドミニオ・デ・エグレン エピコ／B**

**ヴェガ・シンドア テンプラニーリョ・メルロー／A**

**リスカル・テンプラニーリョ マルケス・デ・リスカル／A**

**エストラテゴ・レアル マルコス・エグレン／A**

**マルケス・デ・グリニオン・リオハ／A**

## その他の品種　　　　　　　　　　　　　　　　　　　　　　　　OTHERS

**アナケナ ヴィオニエ レゼルヴァ**
ヴィオニエ種／チリ／A

**ペインター・ブリッジ**
ジンファンデル種／カリフォルニア／A

**マアジ パッソ・ドーブレ マルベック**
マルベック種／アルゼンチン／B

**ラ・ロゼ・ド・モンブスケ**
ロゼ／フランス／B

**サンテロ・ヴィッラ・ヨランダ モスカート・ダスティ**
微発泡甘口／イタリア／A

142

# SERVING SUGGESTIONS
## ワインをおいしく飲むために

●冷やす温度について

　一般的に「白は冷やして、赤は室温で」と言われますが、白は冷やしすぎると風味を損なうし、赤もぬるいと土臭くなります。おいしく飲むには、辛口の白なら冷蔵庫から出してしばし室温に戻す、甘口、スパークリングならできれば前日からよく冷やす、赤なら寒い冬以外は少し冷やしてコルクを開けるとよいでしょう。

●コルクを開けるタイミング

　ワインはコルクを開けた瞬間と30分後、1時間後では味が全く違います。何時間後においしさのピークがくるか、それは1本1本個性が違うので個人の判断となりますが、私は赤ワインならお客様がみえる前に開けておきます。またイタリア・ピエモンテのワインなどは3時間前に開けておくこともあります。英語で「このワインはまだ眠っている」という表現もありますが、早く目を覚ましてもらいたかったら、コルクを早く開けること、またデキャンタをして空気に触れさせるのが効果的です。

●残ったワインの保存について

　コルクを開けたら飲みきらなくてはいけないというルールはありません。飲みかけのワインも「バキュバン」という道具で真空にして保存したり、「プライベートリザーブ」という道具で窒素ガスを入れて酸化防止する方法もあります。私は数本開けて「1杯目は白、2杯目は軽い赤、3杯目は重めの赤」などと料理に合わせて楽しむので、数本のワインを1週間冷蔵庫に入れていたりします。次の日のほうがおいしいワインもあり、味の変化は楽しみのひとつです。バキュバンだけは、何をおいても購入されることをおすすめします。

●ワイングラスの選び方

　白、赤ともに小さいグラスよりは大きめのほうが香りを、透明なほうが色を楽しめると思います。たくさん種類をそろえても最後に洗うのは自分です。うちでは人数が多いときは大きめのピノ・ノワール形の同じグラスで白も赤も飲みます。スパークリングなら泡が美しいのはフルート形です。

●ワインを飲む順番と長期保存の仕方

　たとえば数本の赤ワインを開けるなら、私はおいしいワインを先に飲みます。後からだと酔っ払ってきて味がわからなくなるからです。でも基本は軽いものから重いものへ、辛いものから甘いものへ移行すべきと言われています。それから私はおいしいワインを「寝かせて飲む」こともしません。ワインセラーを持っていないからです。日本の気候でワインを長期保存するにはやはり専用の冷蔵庫が必要です。人間はいつ何があるかわかりません。おいしいものは先に飲む、先に楽しむ。これもひとつの考え方です。

この本を、読んでくださった皆様、
どうもありがとうございました。
編集者の小保方佳子さん、
カメラマンの青砥茂樹さん、
スタイリストの澤入美佳さん、
デザイナーの中村朋子さん、
すばらしい仕事と思い出を、ありがとう！
いっしょにワインを飲んでくれた
青木裕子さん、飯塚その江さん、
内藤理華さん、どうもありがとう！
ワインを私の生活の一部にしてくれた
カリフォルニア・ワインカントリー、ありがとう！
いつも見守ってくれる家族、
そして月島の田畑ファミリー、ありがとう！
それから、ワイングラスをグルグルまわしている私を見ながら
ジュースのグラスをグルグルまわしていたかりん、
その姿をニコニコ笑いながら眺めていたさくら、
二人とも、ほろ酔いママを許してくれて
どうもありがとう。本当にありがとう。
あなたたちと、いつかワインをいっしょに飲める日を
今から楽しみにしています！

一杯のワイン。やっぱり、幸せな飲み物です。
どうか皆様にも、
小さな幸せが届きますように。

2006年6月　行正り香

---

ゆきまさ・りか　1966年福岡県生まれ。
高校3年からカリフォルニアに留学。
留学中にホストファミリーのための
食事作りから料理に興味をもつようになる。
帰国後、広告代理店に就職し
CMプロデューサーとして活躍する。
得意の英語をいかした海外出張が多く、
さまざまな国で、出合ったおいしいものを
行正流にアレンジして紹介している。
現在、長女かりん、昨年生まれた次女さくら、
インコのピー、夫との5人暮らし。
主な著書に、『19時から作るごはん』（講談社）、
『やっぱり和食かな』（文化出版局）
などがある。

ブックデザイン・中村朋子
スタイリング・澤入美佳
撮影・青砥茂樹（講談社写真部）
編集担当・小保方佳子（講談社エディトリアル）

## ワインパーティーをしよう。

2006年6月27日　第1刷発行
2006年7月28日　第2刷発行

著　者　行正り香
発行者　野間佐和子
発行所　株式会社講談社
　　　　〒112-8001
　　　　東京都文京区音羽2-12-21
　　　　販売部　tel 03-5395-3625
　　　　業務部　tel 03-5395-3615
編　集　株式会社講談社エディトリアル
　　　　代表　土門康男
　　　　〒112-0012
　　　　東京都文京区大塚2-8-3 講談社護国寺ビル
　　　　編集部　tel 03-5319-2171

印刷所　凸版印刷株式会社
製本所　株式会社若林製本工場

©Rika Yukimasa 2006 Printed in Japan
定価はカバーに表示してあります。
N.D.C.596 143p 25cm

落丁本・乱丁本は購入書店名を明記のうえ、講談社業務部宛にお送りください。
送料小社負担にてお取替えいたします。なお、この本についてのお問い合わせは、
講談社エディトリアル宛にお願いいたします。本書の無断複写（コピー）は
著作権法上での例外を除き、禁じられています。
ISBN4-06-271599-6

## FRANCE
フランス

- シャンパーニュ地方
- アルザス地方
- ロワール地方
- ブルゴーニュ地方
- ボルドー地方
- コート・デュ・ローヌ地方
- ラングドック・ルーション地方
- プロヴァンス地方

## GRAPES OF THE WORLD
本に登場したぶどうの産地

- CALIFORNIA　アメリカ（カリフォルニア）
- CHILE　チリ
- ARGENTINE　アルゼンチン
- PORTUGAL　ポルトガル
- SPAIN　スペイン
- GERMANY　ドイツ
- SOUTH AFRICA　南アフリカ
- JAPAN　日本
- AUSTRALIA　オーストラリア
- NEW ZEALAND　ニュージーランド

## ITALY
イタリア

- フリウリ
- ヴェネト
- トレンティーノ・アルトアディジェ
- ピエモンテ
- トスカーナ
- マルケ
- ウンブリア
- アブルッツォ
- ラツィオ
- シチリア

●日本には世界中からおいしいワインが集まっています。今夜はどの国のワインと語り合いましょうか？　選ぶのはあなたです。